孩子爱吃的

健康粥品、点心

邱克洪 ◎ 主编

黑龙江科学技术出版社
HEILONGJIANG SCIENCE AND TECHNOLOGY PRESS

图书在版编目（ＣＩＰ）数据

孩子爱吃的健康粥品、点心 / 邱克洪主编 . —— 哈尔滨：黑龙江科学技术出版社，2021.8
ISBN 978-7-5719-0866-9

Ⅰ . ①孩… Ⅱ . ①邱… Ⅲ . ①儿童 - 主食 - 食谱
Ⅳ . ① TS972.13

中国版本图书馆 CIP 数据核字 (2021) 第 050329 号

孩子爱吃的健康粥品、点心
HAIZI AI CHI DE JIANKANG ZHOUPIN、DIANXIN

主　　编　邱克洪
策划编辑
封面设计　深圳·弘艺文化　HONGYI CULTURE
责任编辑　马远洋
出　　版　黑龙江科学技术出版社
地　　址　哈尔滨市南岗区公安街 70-2 号
邮　　编　150007
电　　话　（0451）53642106
传　　真　（0451）53642143
网　　址　www.lkcbs.cn
发　　行　全国新华书店
印　　刷　哈尔滨市石桥印务有限公司
开　　本　710 mm×1000 mm　1/16
印　　张　13
字　　数　200 千字
版　　次　2021 年 8 月第 1 版
印　　次　2021 年 8 月第 1 次印刷
书　　号　ISBN 978-7-5719-0866-9
定　　价　39.80 元

CONTENTS

PART

营养膳食，
让孩子吃出健康

目录

PART ②

孩子爱吃的
健康粥品

CONTENTS

目录

PART 3

孩子爱吃的
健康点心

CONTENTS

PART 1

营养膳食，
让孩子吃出健康

孩子不好好吃饭，长期困扰家长

很多家长经常抱怨自己的孩子不喜欢吃饭，有些学龄前儿童，吃饭时要连哄带骗折腾一两个小时才行，吃进去的饭菜也都是凉的，家长真是操碎了心。如果你的孩子吃饭的时候需要花上很长时间，就要当心了。如果孩子长期进食不佳，没有食欲，对生长发育非常不利。

孩子的饮食其实跟家长的引导有很大关系，作为家长要明确孩子不吃饭的原因。另外，有一些孩子不吃饭有可能是因为长期不良的饮食习惯造成的，不要采取强迫性的行为逼迫孩子进食，引导孩子养成良好的饮食习惯才是上策。

孩子不好好吃饭，不外乎这些原因

饮食习惯不固定

孩子饮食无规律，无固定进食时间，进食时间延长或缩短，正常的胃肠消化规律被打乱，孩子当然不会乖乖吃饭了。

过度喂食

家长老担心孩子缺营养，片面追求高营养，肉蛋奶无节制地给孩子吃，殊不知这样损伤了孩子的胃肠，引起消化不良。

零食太多

零食不断，嘴不停，胃不闲，导致胃肠道蠕动和分泌紊乱；饮料、冰淇淋、巧克力等高热量的食物，使血糖总是处于较高水平而不觉饥饿。这些都会导致孩子不想吃饭。

进食环境差

进食环境差，边吃边玩，或者边吃边看电视，抑或进食时爸妈逗弄、训斥，使大脑皮质的食物中枢不能形成优势的兴奋灶，这样当然不能愉快地吃饭了。

引导方式错

家长过分关注孩子进食，使孩子产生逆反心理，进而以拒食作为提条件的筹码。家长应当对孩子放宽心，让孩子轻松进食，否则只会适得其反。

运动少，消化不良

运动不足，代谢减少，胃肠道消化功能得不到强化，这样孩子也不会觉得饿，当然也就不想吃饭。

身体不适

孩子出现生活不规律、睡眠欠充足、过度疲劳、便秘、身体不适等情况，食欲会随之下降，此时，家长不要为了给孩子补充营养强制孩子进食，应该让孩子休息好。

孩子不好好吃饭，危害不容小觑

孩子吃饭不好会导致营养摄入不全面，一旦身体缺乏营养素，就会影响身体的发育以及身高。因此，对于不好好吃饭的孩子，家长应及时为其补充身体所缺乏的营养，以防生长发育出现滞缓现象。

1.人体中的所需营养物质有很多，如维生素、无机盐、脂肪、蛋白质等。这些物质可能不同时存在于一种食物中，如果孩子长期食欲不佳，就不能保证营养物质的摄入，导致营养出现失衡，孩子就不能够正常地生长发育。

2.孩子如果一边吃一边玩的话，吃饭的时间就会过长，这样会影响营养的摄入，同时还会造成胃肠道紊乱，影响消化与吸收。如果不能够及时纠正，就会导致生长迟缓，甚至停滞。

3.孩子食欲减退，长此以往，会导致营养不良以及营养性的贫血，抵抗力随之下降，容易患上一些感染性疾病，以及消化道疾病。

4.孩子体内的糖类、脂肪、蛋白质等营养摄入不足，会导致体重偏轻，身高也会增长缓慢。研究发现，食欲不好的孩子和偏食的孩子，低体重的发生率是正常孩子的两倍。

因此，为了保证孩子的营养均衡，让孩子健康成长，家长要充分了解孩子生长发育所需的营养素，针对孩子的脾胃特点，合理喂养，营养膳食，孩子才能越长越健康。

孩子生长发育期不可缺少的营养素

营养是儿童生长发育的物质基础，儿童青少年时期正是生长发育的关键期，是骨骼发育的决定性阶段。这个时期的发育，直接决定了人的身高、胸围等体格参数。合理的营养能提高身体素质，促进孩子的生长发育，营养失调则可引起各种疾病。所以，家长要时刻关注孩子的饮食，为孩子补充各种营养素。

维生素A

维生素A对视力、身体生长、骨骼发育具有重要作用。维生素A能够维持正常的视觉功能，防止夜盲症和视力减退，有助于多种眼病的治疗。身体如缺乏维生素A，则导致牙齿珐琅质发暗，个子长不高。维生素A缺乏多见于2～5岁儿童，因此学龄前儿童更应多补充。专家建议每天补充400微克。

儿童维生素A的补充：一类是维生素A原，即各种胡萝卜素，存在于植物性食物中，如绿叶菜、黄色类以及水果，含量较丰富的有菠菜、苜蓿、豌豆苗、红心甜薯、胡萝卜、青椒、南瓜等；另一类是来自于动物性食物的维生素A，它能够直接被人体利用，主要存在于动物肝脏、奶及奶制品(未脱脂奶)及禽蛋中。

B族维生素

B族维生素是推动体内代谢，把糖、脂肪、蛋白质等转化成热量时不可缺少的物质。处于生长发育中的孩子们，因活动量较大，要及时增加与热量代谢相关的B族维生素。如果缺少B族维生素，则细胞功能马上降低，会引起代谢障碍，这时人体会出现怠滞和食欲不振。B族维生素全是水溶性维生素，在体内滞留的时间只有数小时，必须每天补充。

B族维生素能够帮助身体制造和利用能量，如果缺乏B族维生素，孩子会出现贫血、发育迟缓、抵抗力低下等情况。

B族维生素富含于动物肝脏、瘦肉、禽蛋、牛奶、豆制品、谷物、胡萝卜、鱼、蔬菜等食物中。

维生素C

维生素C对于建立健康的免疫系统、促进发育大脑、促进伤口愈合和帮助身体吸收矿物质至关重要。维生素C缺乏可使牙齿、骨骼变得脆弱，容易发生损伤和折断。因此，儿童缺乏维生素C会影响牙齿的生长和骨骼的形成。缺少维生素C还会导致维生素C缺乏病。充足的维生素C能帮孩子摆脱打喷嚏和流鼻涕的困扰，以及对抗感染。

维生素C的食物来源主要是新鲜水果和蔬菜，如橙子、草莓、猕猴桃、包菜和辣椒等。

维生素D

要想有强健的骨骼和牙齿，孩子就需要补足维生素D。它可以帮助人体吸收钙质，构建骨骼。维生素D还有促进皮肤细胞生长、分化及调节免疫功能的作用。缺乏维生素D儿童可患佝偻病，成人易患骨质软化症。皮肤在接触阳光时会产生维生素D，所以儿童应经常晒晒太阳。

维生素D的食物来源以含脂肪高的海鱼、动物肝脏、蛋黄、奶油相对较多，鱼肝油中含量高。

钙

人体98%的钙存在于骨骼、牙齿之中，钙是组成人体骨骼的主要原料。充足的钙质能让孩子长得更高更壮，也会降低未来发生骨骼疾病的风险。钙对于发育期的孩子来说非常重要，儿童、青少年缺钙会导致佝偻病、鸡胸、X型腿、O型腿，还经常出现难以入睡、容易惊醒、晚上多汗、出牙较晚等症状。需要注意的是，家长在给孩子补钙的同时，应该增加维生素D的摄入，单纯补钙人体无法吸收。

钙含量丰富的食物有牛奶、奶酪、鸡蛋、豆制品、海带、紫菜、虾皮、芝麻、山楂、海鱼等蔬菜中钙含量较高的有黄花菜、香菇、木耳、西蓝花、芥兰、苋菜、菠菜等。

锌

锌能提升孩子的免疫力，从而对抗因病菌引起的感冒等疾病。身体的生长和发育也离不开锌的作用，身体缺锌后造成体内新陈代谢受阻，细胞分裂停止。生长发育期的青少年如果缺锌会导致发育不良，严重缺乏还会导致侏儒症。

锌含量丰富的食物有瘦牛肉、猪瘦肉、羊肉、鸡心、猪肝、蛋黄、鱼类（草鱼，带鱼、鲤鱼、鲫鱼、鲢鱼等）、海产品（牡蛎、三文鱼、虾、紫菜、海带等）、芝麻、核桃、豆类及豆制品、花生、栗子、杏仁、小米、大白菜、茄子、芹菜、柿子、荔枝等。

铁

铁不仅给血流以动力，也会储藏在血红细胞中，将氧气输送到身体的各个器官，这种营养素有助于儿童正常发育并预防儿童贫血。因此，铁对身体的发育起着重要作用。缺铁容易患上缺铁性贫血，会让孩子的记忆力减退。

铁含量丰富的食物有牛肉、羊肉、猪肉、猪肝、动物血、蛋黄、木耳、红枣、胡萝卜、面筋、黄花菜、桂圆等。

镁

镁是人体中含量占第三位的矿物质，是DNA形成的必需物质，在糖转变为能量的过程中起到非常重要的作用。儿童缺镁可出现情绪不稳定、易激动、喜怒无常，重者会出现反射亢进、手足抽搐，甚至惊厥等症状，而且镁对幼儿的身体发育有很大影响。

镁含量丰富的食物有谷类，如小米、玉米、荞麦、高粱、燕麦等；豆类，如黄豆、黑豆、蚕豆、豌豆、豇豆、豆腐等；蔬菜，如冬菜、苋菜、辣椒、蘑菇等；水果，如杨桃、桂圆等；其他，如虾米、花生、芝麻、核桃，海产品等。

钾

钾是人体生长必需的营养素，它占人体无机盐的5%，对保持健全的神经系统和调节心脏节律非常重要，细胞和器官的正常工作也离不开钾。它还有助于控制血压，并且在孩子运动时给心脏和肌肉提供足够的动力。

香蕉是钾的良好来源。另外，荞麦、玉米、红薯、大豆、橘子、柠檬、杏、梅、油桃、菠菜、苋菜、香菜、油菜、甘蓝、芹菜、大葱、青蒜、莴笋、土豆、山药、鲜豌豆、毛豆等含钾元素都较高。

孩子的脾胃特点

中医认为，小儿体禀少阳，"小儿阳常有余，阴常不足；肝常有余，脾常不足；心常有余，肺常不足，肾常不足"。"脾常不足"，也就是常说的脾胃虚弱。脾为后天之本，主运化水谷精微，为气血生化之源。小孩生长发育迅速，对营养精微的需求较成人多，但小儿脾胃薄弱，且不知饮食自节，稍有不慎即易损伤脾胃，引起运化功能失调，出现呕吐积滞、泄泻、厌食等病症。

小孩的脾胃还没有发育完全，但是却需要充足的营养支持身体的生长发育，家长们往往在给孩子丰富饮食的时候忽略了孩子脆弱的脾胃。很多家长为孩子不好好吃饭而烦恼，却没有真正去了解为什么孩子会厌食，还一味地给孩子补充过多的营养，喂食过多，这样只会适得其反。长期不良的饮食习惯会给孩子的脾胃带来很大的伤害，孩子的脾胃一旦出现了问题，就会导致消化不良、食欲降低，继而导致营养不良。脾胃不好的孩子抵抗力也低，容易生病。

孩子的脾胃健康，身体才能强壮。孩子的脾胃虚弱，所以家长应注意日常喂养得当，不要让孩子吃过多的肉类食物，饮食要规律，最好定时、定量，还应让孩子少吃零食。要养成喝热饮的好习惯，不要喝冷水，同时也不要过多地饮用酸奶，这样可以有效地避免肠道的酸碱平衡遭到破坏，并且日常应该多吃一些山药或者芋头等，少吃一些生冷油腻的食物。

另外，若想调养孩子的脾胃，可以多喝些粥。如莲子山药粥、红枣小米粥等适用于消瘦、食欲不振的脾虚幼儿。

百变粥品，好消化易吸收

　　孩子的脾胃功能较差，吃过于坚硬的食物难以消化，如果长期消化不良，则会使脾胃功能越来越差。粥易于消化吸收，而脾胃功能较弱的孩子，很适合喝粥调养脾胃。粥还含有大量的水分，喝粥除能裹腹止饥之外，还能为身体补充水分，有效防止便秘。

　　粥，因所选用的原料不同而有不同的作用。故喝什么粥，家长可以根据孩子的体质而定。热性体质，应加一些偏凉的食物，如绿豆、薏仁、白萝卜、冬瓜、芹菜、梨等。相反地，虚寒体质，则应加一些具有温补性质的食物，如红枣、红参、桂圆、生姜等。平和体质，可选一些平性食物，如豇豆、芋头、山药、松子仁、花生、毛豆、白扁豆等。

　　对于食欲不振的孩子，家长还可以熬一些开胃粥，以帮助消化、增进食欲。

　　红薯粥：红薯含有丰富的淀粉、膳食纤维及多种微量元素，此粥可健脾开胃、补气安神、清心养血。

　　红豆粥：红豆性温和、味甘甜，含有丰富的矿物质和维生素，有养胃护脾的功效。

　　糯米粥：糯米粥是以糯米为主的一款日常养生粥，因为糯米里含有各种蛋白质、脂肪以及B族维生素，对脾胃不好的人有一定的缓解作用。

　　八宝粥：八宝粥是最为常见的一种粥，除了各种豆类之外还有米、红枣之类的食材，有助于保胃养胃。

　　山药粥：山药的食疗功效非常大，特别是补脾养胃的功效，而在日常生活中多吃南瓜可以起到排毒护胃的功效，用山药和南瓜一起熬煮成粥，自然是养胃的佳品。

花样点心，促进食欲

　　有些孩子不好好吃饭，可能是家里的饭菜过于单调，不合胃口。大人吃饭还要经常换换口味，如果老吃一样东西也会感觉没胃口，更何况孩子呢？如果总给孩子吃相同口味或者相同食材的饭菜，孩子当然会没胃口，表现出来就是不好好吃饭。所以，家长在给孩子做饭时，除了考虑营养外，也要经常给孩子换换口味、换换食材，让孩子每天都能吃到不同的饭菜，让孩子既有新鲜感，更愿意吃饭，而且不同的食材也会带给孩子不同的营养，这样才能营养均衡。

　　点心，是一种很常见的食品，以其繁多的款式和口味深得人心。它是以面粉或米粉、糖、油脂、蛋、乳品等为主要原料，配以各种辅料、馅料和调味料，初制成型，再经蒸、烤、炸、炒等方式加工制成。点心品种多样、花式繁多，其花样外形能吸引孩子的注意力，带给孩子不同的口感和营养。而且不同的制作方式和馅料，使得点心的味道有所不同，有效促进孩子的食欲。

　　有些家长可能认为点心的营养较低，不愿意给孩子多吃，其实并非如此。点心的主要成分是面粉、鸡蛋、奶油等，含有糖类、蛋白质、脂肪、维生素及钙、钾、磷、钠、镁、硒等矿物质，有利于孩子的生长发育。而且，制作点心时，家长可以改变做法，多添加一些营养价值丰富的食材，变着花样让孩子补充了营养的同时也让味蕾得到新的享受。

PART 2

孩子爱吃的
健康粥品

营养功效

滋阴润燥、补铁

荷包蛋猪肉粥

原料

水发大米◎100克

猪瘦肉◎30克

鸡蛋◎1个

姜丝◎少许

葱花◎少许

调料

盐◎2克

淀粉◎少许

做法

1 洗净的猪瘦肉切片，装入碗中，倒入少许淀粉，放入姜丝，拌匀待用。

2 锅中注入清水，用大火烧开，倒入水发大米，拌匀，盖上盖，用小火煮30分钟至大米熟烂。

3 揭盖，倒入肉片，拌匀煮沸，续煮3分钟。

4 打入鸡蛋，煮至鸡蛋凝固。

5 加入盐，用锅勺拌匀调味，煮沸。

6 将煮好的粥盛入碗中，撒上少许葱花即可。

健脑益智、滋阴润燥

丝瓜瘦肉粥

原料

丝瓜◎45克

瘦肉◎60克

水发大米◎100克

调料

盐◎2克

做法

1　将去皮洗净的丝瓜切片，再切成条，改切成粒。

2　洗好的瘦肉切成片，再剁成肉末。

3　锅中注入适量清水，用大火烧开，倒入大米，拌匀，盖上盖，用小火煮30分钟至大米熟烂。

4　揭盖，倒入肉末，拌匀，放入切好的丝瓜，拌匀煮沸。

5　加入盐，用锅勺拌匀调味，煮沸。

6　将煮好的粥盛出，装入碗中即可。

营养功效

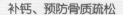

补钙、预防骨质疏松

虾皮肉末青菜粥

原料

虾皮◎15克
肉末◎50克
生菜◎80克
水发大米◎90克

调料

盐◎少许
生抽◎少许

做法

1 洗净的生菜切丝，改切成粒。

2 洗好的虾皮剁成末。

3 锅中注入适量清水，用大火烧开，
倒入洗净的大米，拌匀。

4 下入虾皮，搅匀，烧开，盖上盖，
用小火煮30分钟至大米熟软。

5 揭开盖，放入切好的肉末，搅拌
匀，续煮3分钟。

6 放入少许盐、生抽，搅拌匀。

7 放入切好的生菜，拌匀煮沸。

8 把煮好的粥盛出，装入碗中即可。

营养功效

提高免疫力、促进生长发育

香菇肉丝粥

原料

猪肉◎30克
鲜香菇◎30克
蘑菇◎30克
去皮南瓜◎30克
去皮土豆◎20克
豆芽◎20克
水发大米◎100克

调料

盐◎2克
生抽◎3毫升
料酒◎3毫升

做法

1 鲜香菇洗净切成片；蘑菇洗净撕成小块；土豆、南瓜分别切成小方块；豆芽洗净，沥干水。

2 猪肉切成丝，盛入碗中，加入料酒、生抽拌匀，腌渍片刻。

3 锅中注入适量清水，用大火烧开，倒入大米，拌匀，盖上盖，用小火煮20分钟至大米熟软。

4 放入南瓜、土豆，搅拌匀，盖上盖，煮10分钟至食材熟软。

5 放入肉丝、鲜香菇、蘑菇、豆芽，搅拌匀，煮沸，续煮3分钟至食材熟透。

6 调入盐，拌匀煮沸，关火后把煮好的粥盛入碗中即可。

营养功效

补血明目、增强免疫力

胡萝卜猪肝粥

原料

胡萝卜◎100克
猪肝◎100克
水发大米◎200克
葱花◎少许

调料

盐◎2克
料酒◎5毫升

做法

1 胡萝卜去皮，切成菱形片。

2 猪肝洗净切片，装入碗中，倒入料酒，拌匀，腌渍片刻。

3 炒锅中注水烧开，放入猪肝，汆去血水和脏污，捞出，沥水待用。

4 砂锅注水，倒入大米，拌匀，加盖，用大火煮开后转小火续煮30分钟至熟软。

5 揭开盖，倒入胡萝卜片，拌匀，续煮5分钟至胡萝卜熟软。

6 倒入猪肝，拌匀，煮3分钟至猪肝熟透。

7 加入盐，搅拌匀。

8 关火，将煮好的粥盛入碗中，撒上葱花即可。

营养功效

滋养脾胃、强健筋骨

牛肉南瓜粥

原料

水发大米◎90克
去皮南瓜◎85克
牛肉◎45克

调料

盐◎2克

做法

1 蒸锅上火烧开，放入洗好的南瓜、牛肉，盖上盖，用中火蒸15分钟至其熟软。

2 揭盖，取出蒸好的材料，放凉待用。

3 将放凉的牛肉切片，改切成粒；放凉的南瓜切片，再切条形，改切成粒状，剁碎，备用。

4 砂锅中注入适量清水烧开，倒入大米，搅拌匀，盖上盖，烧开后用小火煮20分钟。

5 揭开盖，倒入备好的牛肉、南瓜，拌匀，再盖上盖，用中小火煮20分钟至所有食材熟透。

6 揭盖，加入盐，搅拌至粥浓稠即可出锅。

营养功效

保护视力、促进生长发育

牛肉胡萝卜粥

原料

水发大米◎100克
胡萝卜◎40克
牛肉◎50克

调料

盐◎2克

做法

1 洗净的胡萝卜去皮，切丝；洗好的牛肉切片。

2 沸水锅中倒入牛肉，汆烫一会儿去除血水，捞出，沥干水分，装碟放凉。

3 将放凉的牛肉切碎。

4 砂锅注入少许清水，烧热，倒入切碎的牛肉，放入大米，搅拌匀。

5 放入胡萝卜丝，注入适量清水，搅匀。

6 盖上盖，用大火煮开后转小火煮30分钟至食材熟软。

7 揭盖，加入盐，拌匀煮沸。

8 关火后盛出煮好的粥，装碗即可。

营养功效

促进智力发育、增强免疫力

鸡肉虾仁粥

原料

水发大米◎80克
鸡胸肉◎60克
虾仁◎50克
面粉◎适量
葱花◎少许

调料

盐◎适量
料酒◎少许
生抽◎少许
食用油◎适量

做法

1 鸡胸肉切大块，装入碗中，加入少许盐、料酒、生抽，拌匀，腌渍20分钟。

2 虾仁洗净，去虾线，装入另一个碗中，加入少许料酒、生抽，腌渍20分钟。

3 炒锅中注入食用油，烧至六成热，放入裹有面粉的鸡块，炸熟，捞出沥油，待用。

4 锅底留油，倒入虾仁，快速翻炒熟，盛出待用。

5 砂锅中注入适量清水烧热，放入大米，搅拌匀，盖上盖，煮沸后续煮30分钟至米粒熟烂。

6 揭盖，将煮好的白米粥盛入碗中，摆放上炸好的鸡块和炒熟的虾仁，再撒上葱花即可。

补肝肾、益脾胃

鲈鱼花菜粥

原料

净鲈鱼◎400克
水发大米◎180克
花菜◎160克
姜片◎少许
葱花◎少许

调料

盐◎4克
鸡粉◎少许
胡椒粉◎3克
芝麻油◎5毫升
食用油◎适量

做法

1　洗净的花菜切成小朵。

2　把鲈鱼切成小块，装入碗中，加入少许盐、鸡粉，拌匀至入味，腌渍10分钟。

3　砂锅中注入约800毫升清水烧开，倒入大米，拌匀。

4　煮沸后淋入少许食用油，搅拌匀，盖上盖，用小火煮30分钟至米粒熟软。

5　揭开盖，放入切好的花菜，再次盖上盖，用小火续煮5分钟至其断生。

6　揭开盖，撒上姜片，下入腌渍好的鱼块，搅散拌匀，用小火煮5分钟至鱼肉熟软。

7　加入剩余的盐、鸡粉、胡椒粉，淋入芝麻油，用锅勺搅拌匀。

8　关火后将煮好的粥盛入碗中，撒上少许葱花即可。

营养功效

健脑益智、促进成长发育

蔬菜三文鱼粥

原料

水发大米◎100克
三文鱼◎120克
胡萝卜◎50克
芹菜◎20克

调料

盐◎2克
鸡粉◎3克
水淀粉◎3克
食用油◎适量

做法

1 洗净的芹菜切成粒；去皮洗好的胡萝卜切厚片，切条，改切成粒。

2 将洗好的三文鱼切成片，装入碗中，放入少许盐、鸡粉、水淀粉，拌匀，腌渍15分钟至入味。

3 砂锅注入适量清水，烧开，倒入大米，淋入少许食用油，搅拌匀，加盖，慢火煲30分钟至米粒熟软。

4 揭盖，倒入切好的胡萝卜粒，加盖，慢火煮5分钟至食材熟烂。

5 揭盖，加入三文鱼、芹菜粒，拌匀煮沸，加剩余的盐、鸡粉，拌匀调味。

6 把煮好的粥盛出，装入碗中即可。

补肝肾、益脾胃、促进骨骼生长

上海青鱼肉粥

原料

鲜鲈鱼◎50克
上海青◎50克
水发大米◎95克

调料

盐◎2克
水淀粉◎2毫升

做法

1 洗净的上海青切成丝，再切成粒；处理干净的鲈鱼切成片。

2 把鱼片装入碗中，放入少许盐、水淀粉，抓匀，腌渍10分钟至入味。

3 锅中注水烧开，倒入大米，拌匀，盖上盖，用小火煮40分钟至米粒熟烂。

4 揭盖，倒入鱼片，再放入切好的上海青，搅拌匀。

5 往锅中加入剩余的盐，用锅勺拌匀调味。

6 盛出煮好的粥，装入碗中即可。

健脾和胃、补益虚损、提高记忆力

海参小米粥

原料

小米◎200克

海参◎3只

姜丝◎35克

葱花◎少许

调料

盐◎适量

做法

1 海参解冻后用剪刀剪开，除去内脏，清洗干净。

2 将洗净的海参倒入沸水中，煮软后入凉水。

3 砂锅注水烧开，倒入小米，放入姜丝。

4 小米滚锅后倒入海参，不停搅拌5分钟。

5 放入盐，转小火，熬30分钟。

6 关火，将煮好的粥盛入碗中，撒上葱花即可。

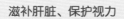

营养功效

滋补肝脏、保护视力

鸡肝粥

原料

鸡肝◎100克
水发大米◎200克
姜丝◎少许
葱花◎少许

调料

盐◎2克
生抽◎5毫升

做法

1 洗净的鸡肝切条。

2 砂锅注水，倒入大米，拌匀，加
  盖，用大火煮开后转小火续煮40
  分钟至米粒熟软。

3 揭盖，倒入切好的鸡肝，拌匀。

4 加入姜丝，拌匀，放入盐、生
  抽，拌匀。

5 加盖，稍煮5分钟至鸡肝熟透。

6 揭盖，放入葱花，拌匀，关火后
  盛出煮好的鸡肝粥，装碗即可。

营养功效

补中益气、开胃消食

鱼肉菜粥

原料

水发大米◎200克
草鱼肉◎60克
上海青◎50克

调料

盐◎少许
生抽◎2毫升
食用油◎适量

做法

1　将洗净的上海青切碎，再剁成末。

2　洗好的草鱼肉去皮，切薄片，再切成肉丁。

3　取榨汁机，选绞肉刀座组合，倒入鱼肉丁，选择"绞肉"功能，将鱼肉绞成肉泥。

4　用油起锅，倒入鱼肉泥，翻炒至鱼肉松散，再淋入生抽，炒香炒透，调入盐，翻炒至入味。

5　关火后盛出炒好的鱼肉泥，放在小碗中，待用。

6　汤锅中注入适量清水烧开，放入大米，盖上盖，用大火煮沸后转小火煮40分钟至米粒熟软。

7　取下盖子，倒入炒熟的鱼肉泥，搅拌匀，再放入切好的上海青，搅拌片刻，续煮至全部食材熟透。

8　关火后盛出煮好的鱼肉粥，装入碗中即可。

营养功效

补血明目、养阴生津

猪肝鸡蛋米糊

原料

猪肝◎100克
水发大米◎200克
鸡蛋◎1个
姜丝◎少许
葱花◎少许

调料

盐◎3克
料酒◎5毫升

做法

1 洗净的猪肝切片，倒入料酒，拌匀，腌渍片刻。

2 炒锅中注水烧开，放入猪肝，汆去血水和脏污，捞出，沥水待用。

3 取榨汁机，选干磨刀座组合，放入大米，选择"干磨"功能，将大米磨成米碎。

4 砂锅注水，倒入米碎，拌匀，用勺子持续搅拌5分钟，煮成米糊。

5 倒入猪肝，加入姜丝，拌匀，煮2分钟。

6 打入鸡蛋，煮至鸡蛋凝固。

7 调入盐，搅拌匀。

8 关火，盛出煮好的米糊，撒上葱花即可。

健脑益智、促进生长发育

蛋花麦片粥

原料

鸡蛋◎1个
燕麦片◎100克

调料

盐◎2克

做法

1　将鸡蛋打入碗中，用筷子打散，调匀。

2　砂锅中注入适量清水烧热，倒入燕麦片，搅拌匀。

3　盖上盖，用小火煮20分钟至燕麦片熟烂。

4　揭盖，倒入备好的蛋液，快速搅拌成蛋花。

5　加入盐，拌匀煮沸。

6　将煮好的粥盛出，装入碗中即可。

补充营养、增强免疫力

南瓜山药杂粮粥

原料

水发大米◎95克

玉米糁◎65克

水发糙米◎120克

水发燕麦◎140克

山药◎125克

南瓜◎110克

做法

1 山药去皮洗净，切开，再切条形，改切小块。

2 洗好的南瓜去皮，切开，改切厚片，再切小块。

3 砂锅中注入适量清水烧开，倒入糙米、大米、燕麦，拌匀，盖上盖，烧开后用小火煮40分钟，至米粒熟软。

4 揭盖，倒入切好的南瓜和山药，搅匀，再倒入备好的玉米糁，搅拌一会儿，使其散开。

5 盖上盖，用小火续煮20分钟，至食材熟透。

6 揭开盖，将煮好的杂粮粥搅拌匀，盛入碗中即可。

营养功效

养颜润肤、促进大脑发育

芝麻杏仁粥

原料

水发大米◎120克

黑芝麻◎10克

杏仁◎20克

调料

冰糖◎25克

做法

1 锅中注入适量清水，用大火烧热。

2 放入洗净的杏仁，倒入大米，搅拌匀。

3 撒上洗净的黑芝麻，轻轻搅拌几下，使食材散开。

4 盖上盖子，用大火煮沸，再转小火煮30分钟至米粒变软。

5 取下盖子，放入备好的冰糖，轻轻搅拌匀，再用中火续煮一会儿，至冰糖完全溶化。

6 关火后盛出煮好的粥，装在碗中即可。

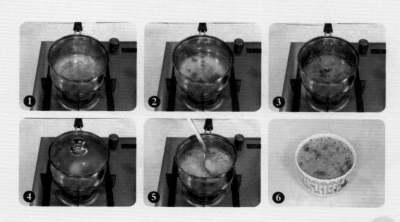

化湿补脾、润肠通便

红豆松仁粥

原料

水发大米◎80克

水发红豆◎100克

松仁◎20克

鱼丸◎4颗

做法

1 炒锅注水烧开，放入鱼丸，煮熟后捞出，待用。

2 砂锅中注入适量清水，倒入大米、红豆，搅拌匀，盖上盖，用大火煮开后转小火熬40分钟至食材软烂。

3 揭开盖，放入松仁，拌匀，续煮5分钟。

4 关火，将煮好的粥盛入碗中，放入煮熟的鱼丸即可。

营养功效

健脾养胃、助消化

山药小麦粥

原料

水发大米◎150克
水发小麦◎65克
山药◎80克

调料

盐◎2克

做法

1 洗净去皮的山药切片，再切条
   形，改切成丁，待用。

2 砂锅中注入适量清水烧开，放入
   大米、小麦，放入山药，拌匀，
   盖上盖，烧开后用小火煮1小时。

3 揭开盖，加入盐，拌匀调味。

4 关火后将煮好的粥盛入碗中即可。

营养功效

健脾和胃、补肺益肾

腊八粥

原料

粳米◎适量

燕麦米◎适量

黑米◎适量

红豆◎适量

花生仁◎适量

红枣◎适量

莲子◎适量

山楂◎适量

桂圆肉◎适量

调料

白糖◎适量

做法

1 将粳米、燕麦米、黑米、红豆、花生仁、红枣、莲子装入碗中，注入适量清水泡发20分钟，沥干水分，待用。

2 砂锅中注入适量清水，倒入泡发好的食材，再放入洗净的山楂和桂圆肉，搅拌匀。

3 盖上盖，用大火烧开后转小火煮20分钟。

4 揭开盖，持续搅拌片刻，再盖上盖，续煮20分钟至食材熟软。

5 揭盖，倒入适量白糖，搅拌至白糖完全溶化。

6 关火，将煮好的腊八粥盛出，装入碗中即可。

润肠通便、润肺止咳、清热解毒

香蕉燕麦粥

原料

水发燕麦◎160克

香蕉◎120克

枸杞◎少许

做法

1 香蕉剥去果皮，把果肉切成片，再切条形，改切成丁。

2 砂锅中注入适量清水烧热。

3 倒入洗好的燕麦。

4 盖上盖，烧开后用小火煮30分钟至燕麦熟透。

5 揭盖，倒入香蕉，放入枸杞，搅拌匀，用中火煮5分钟。

6 关火后盛出煮好的燕麦粥，装入碗中即可。

健脾和胃、促进生长发育

小米玉米糊

原料

小米◎100克

玉米碎◎100克

做法

1 将小米和玉米碎淘洗干净。

2 砂锅中注入适量清水，倒入小米和玉米碎，搅拌匀。

3 盖上盖，用大火煮开后转小火煮30分钟，至食材熟软。

4 揭开盖，将煮好的粥搅拌匀，关火后盛入碗中即可。

营养功效

提高免疫力、促进大脑发育

牛奶鸡蛋小米粥

原料

水发小米◎180克

鸡蛋◎1个

牛奶◎160毫升

调料

白糖◎适量

做法

1 把鸡蛋打入碗中，搅散调匀，制成蛋液，待用。

2 砂锅中注入适量清水烧热，倒入洗净的小米。

3 盖上盖，大火烧开后转小火煮40分钟，至米粒变软。

4 揭盖，倒入备好的牛奶，搅拌匀，大火煮沸。

5 加入白糖，拌匀，再倒入备好的蛋液，搅拌匀，转中火煮一会儿，至液面呈现蛋花。

6 关火后盛出煮好的小米粥，装入小碗中即可。

营养功效

促进新陈代谢、保护视力

荞麦粥

原料

荞麦◎100克
大米◎50克

做法

1 荞麦提前用水浸泡3小时以上，大米提前浸泡30分钟。

2 砂锅中注入适量清水，加入荞麦和大米，搅拌匀。

3 盖上盖，煮沸后转小火继续熬40分钟。

4 揭开盖，将煮好的粥搅拌均匀，盛入碗中即可。

营养功效

健脾和胃、促进生长发育

小米南瓜粥

原料

水发小米◎150克

水发大米◎50克

南瓜◎100克

做法

1　南瓜去皮，切成丁。

2　砂锅中注入适量清水，倒入小米和大米，拌匀，盖上盖，大火烧开后转小火熬30分钟。

3　揭盖开，倒入南瓜丁，搅拌匀，续煮10分钟至南瓜熟软。

4　揭盖，将煮好的粥盛入碗中即可。

营养功效

提神强心、润肺止咳

银耳百合粳米粥

原料

水发粳米◎100克
水发银耳◎100克
水发百合◎50克

做法

1 砂锅中注入适量清水烧开，倒入洗净的银耳。

2 放入备好的百合、粳米，搅拌匀，使米粒散开。

3 盖上盖，烧开后用小火煮45分钟，至食材熟软。

4 揭盖，搅拌一会儿，关火后盛出煮好的粳米粥，装入小碗中即可。

促进消化、健脾养胃

南瓜大米粥

原料

水发大米 ◎ 100克
南瓜 ◎ 200克

做法

1 南瓜去皮，切成丁，待用。

2 砂锅中注入适量清水，倒入洗净的大米，盖上盖，大火烧开后转小火熬30分钟。

3 揭盖，倒入南瓜丁，续煮10分钟至南瓜熟软。

4 关火，将煮好的粥盛出，装入碗中即可。

营养功效

提高免疫力、促进生长发育

西蓝花牛奶粥

原料

水发大米◎130克

西蓝花◎30克

奶粉◎50克

做法

1 沸水锅中放入洗净的西蓝花，焯煮至断生后捞出，沥干水分。

2 将放凉后的西蓝花切碎，待用。

3 砂锅中注入适量清水烧开，倒入洗净的大米，搅散。

4 盖上盖，烧开后转小火煮40分钟，至米粒变软。

5 揭盖，快速搅动片刻，放入备好的奶粉，拌匀，煮出奶香味。

6 倒入西蓝花碎，搅散，拌匀，关火后盛出煮好的粥，装入碗中即可。

営养功效

益气健脾、厚补胃肠

栗子小米粥

原料

水发大米◎150克

小米◎100克

熟栗子◎80克

做法

1 把熟栗子切小块，再剁成细末，备用。

2 砂锅中注入适量清水烧开，倒入洗净的大米。

3 放入洗好的小米，搅匀，使米粒散开。

4 盖上盖，大火煮沸后用小火煮30分钟，至米粒熟软。

5 揭盖，搅拌匀，续煮片刻。

6 关火后盛出煮好的米粥，装入碗中，撒上栗子末即可。

营养功效

健脾益胃、强健机体

黑芝麻鸡蛋山药粥

原料

水发大米◎150克
山药◎100克
熟鸡蛋◎1个
熟黑芝麻◎少许

调料

盐◎2克

做法

1 洗净的山药去皮，切成小丁；熟鸡蛋去壳，对半切开。

2 砂锅中注入适量清水，倒入洗净的大米，再倒入山药丁，搅拌匀。

3 盖上盖，大火煮沸后转小火煮40分钟至食材熟软。

4 揭开盖，调入盐，搅拌匀。

5 关火，将煮好的粥盛入碗中，撒上熟黑芝麻，再摆上熟鸡蛋即可。

健脑益智、增强抵抗力

核桃葡萄干牛奶粥

原料

水发大米◎100克

牛奶◎200毫升

核桃仁◎20克

葡萄干◎20克

做法

1 核桃仁洗净，切成小块，待用。

2 砂锅中注入适量清水，倒入大米，拌匀。

3 盖上盖，大火煮沸后转小火煮40分钟至大米熟软。

4 揭开盖，倒入牛奶，搅拌均匀。

5 倒入洗净的葡萄干和核桃仁，搅拌匀，续煮至粥黏稠。

6 关火，将煮好的粥盛出，装入碗中即可。

营养功效

安神定志、清热解毒

黄瓜粥

原料

黄瓜◎85克
水发大米◎110克

调料

盐◎1克
芝麻油◎9克

做法

1 洗净的黄瓜切开，再切成细条
  状，改切成小丁，备用。

2 砂锅注水烧开，倒入洗净的大
  米，拌匀。

3 盖上盖，煮开后用小火煮30分
  钟。

4 揭开盖，倒入切好的黄瓜，拌
  匀，煮至沸。

5 加入盐，淋入芝麻油，搅拌均
  匀，至食材入味。

6 关火后盛出煮好的粥即可。

健脑益智、健脾益胃

山药蛋粥

原料

山药◎120克
鸡蛋◎1个

做法

1 将去皮洗净的山药切块，再切成薄片，放入蒸盘中，待用。

2 蒸锅上火烧开，放入蒸盘，再放入装有鸡蛋的小碗，盖上锅盖，用中火蒸15分钟至食材熟透。

3 关火后揭开锅盖，取出蒸好的食材，凉凉备用。

4 把放凉的山药放入杵臼，捣成泥状，盛放在碗中，待用。

5 放凉的熟鸡蛋去壳，取蛋黄，放入装有山药泥的碗中，压碎，混合均匀。

6 另取一个小碗，盛入拌好的食材即可。

营养功效

促进肠道蠕动、加强新陈代谢

包菜甜椒粥

原料

水发大米◎100克
黄彩椒◎50克
红彩椒◎50克
包菜◎30克

做法

1 洗净的包菜切碎；洗好的红彩椒切丁，洗净的黄彩椒切丁。

2 砂锅中注入少许清水，倒入大米，拌匀，盖上盖，用大火煮开后转小火煮30分钟至米粒熟软。

3 揭开盖，倒入切好的红、黄彩椒，搅匀，加盖，煮5分钟至彩椒熟软。

4 次揭开盖，放入切碎的包菜，拌煮至包菜熟透。

5 关火后盛出煮好的粥，装碗即可。

补脾养胃、生津益肺

山药粥

原料

水发大米◎150克
山药◎80克
枸杞◎少许

做法

1　洗净去皮的山药切片，切条再切丁。

2　砂锅中注入适量清水烧热，倒入洗净的大米、山药，搅拌片刻。

3　盖上锅盖，大火烧开后转小火煮30分钟。

4　揭开盖，放入洗净的枸杞，拌煮片刻。

5　关火，将粥盛出装入碗中即可。

补中益气、健脾养胃

葱花大米粥

原料

水发大米◎200克
葱花◎适量

做法

1 砂锅中注入适量清水，倒入大米，搅拌匀。

2 盖上盖，用大火煮沸后转小火续煮40分钟至大米熟软。

3 揭开盖，倒入葱花，拌煮至散发出葱香味。

4 关火，将煮好的粥盛出，装入碗中即可。

增强免疫力、保护肝脏

花菜香菇粥

原料

西蓝花◎80克

花菜◎80克

胡萝卜◎80克

水发大米◎200克

香菇◎少许

葱花◎少许

调料

盐◎2克

做法

1 洗净去皮的胡萝卜切片，再切条，改切成丁。

2 洗好的香菇切成条。

3 洗净的花菜去除菜梗，再切成小朵。

4 洗好的西蓝花去除菜梗，再切成小朵，备用。

5 砂锅中注入适量清水烧开，倒入洗好的大米，盖上盖，用大火煮开后转小火煮40分钟。

6 揭盖，倒入切好的香菇、胡萝卜、花菜、西蓝花，拌匀，再盖上盖，续煮15分钟至食材熟透。

7 揭盖，放入盐，拌匀调味。

8 关火后盛出煮好的粥，装入碗中，撒上葱花即可。

营养功效

促进消化、预防感冒

生姜枸杞粥

原料

水发大米◎150克
枸杞◎20克
姜末◎10克

做法

1 砂锅中注入适量清水烧开，倒入洗净的大米，拌匀，用大火煮至沸。

2 撒上姜末，盖上盖，烧开后用小火煮30分钟，至大米熟透。

3 揭盖，倒入洗净的枸杞，搅拌匀，转中火煮至断生。

4 关火后盛出煮好的粥，装入碗中即可。

营养功效

健脾开胃、增强免疫力

玉米胡萝卜粥

原料

玉米粒◎50克

胡萝卜丁◎50克

水发大米◎100克

做法

1 砂锅中注入适量清水用大火烧开。

2 倒入备好的大米、胡萝卜丁、玉米粒，搅拌片刻，盖上盖，煮开后转小火煮30分钟至熟软。

3 揭开盖，持续搅拌片刻。

4 关火，将煮好的粥盛出装入碗中即可。

营养功效

安神益智、增强免疫力

猕猴桃苹果粥

原料

水发大米◎100克
猕猴桃◎40克
苹果◎30克

调料

冰糖◎少许

做法

1 洗净的猕猴桃切去头尾，削去果皮，切开，去除硬心，切成片，再切成丁。

2 洗净的苹果去皮，去核，切成片，再切成丁。

3 砂锅注水烧开，倒入大米，拌匀，盖上盖，煮开后用小火煮40分钟至大米熟软。

4 揭开盖，倒入猕猴桃丁、苹果丁，加入少许冰糖，搅拌均匀，煮2分钟至冰糖完全溶化。

5 关火后盛出煮好的粥，装入碗中即可。

补脑养血、润肠通便

苹果土豆粥

原料

水发大米◎130克

土豆◎40克

苹果肉◎65克

做法

1 将洗好的苹果肉切片，再切丝，改切成丁；洗净去皮的土豆切片，改切成丝，再切碎，待用。

2 砂锅中注入适量清水烧开，倒入大米，搅匀。

3 盖上盖，烧开后转小火煮40分钟，至米粒熟软。

4 揭盖，倒入土豆碎，拌匀，煮至断生。

5 放入切好的苹果，拌匀，煮至散出香味。

6 关火后将煮好的粥盛入碗中即可。

营养功效

保护眼睛、增强免疫力

蓝莓牛奶粥

原料

蓝莓◎50克
水发大米◎150克
牛奶◎200毫升

做法

1 砂锅中注入适量清水，倒入大
  米，搅拌匀。

2 盖上盖，煮沸后转小火煮30分钟
  至米粒熟软。

3 揭开盖，放入洗净的蓝莓，倒入
  备好的牛奶，拌煮至蓝莓变软。

4 关火，将煮好的粥盛出，装入碗
  中即可。

营养功效

益胃生津、化痰止咳

苹果梨香蕉粥

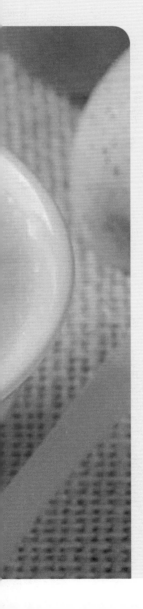

原料

水发大米◎150克

香蕉◎90克

苹果◎75克

梨◎60克

做法

1 洗好的苹果切开，去核，削去果皮，切成片，改切成条，再切成小丁块。

2 洗净的梨去皮，切成薄片，再切粗丝，改切成小丁。

3 香蕉剥去皮，把果肉切成条，改切成小丁块，剁碎，待用。

4 锅中注入适量清水烧开，倒入大米，拌匀，盖上盖，烧开后用小火煮35分钟至米粒熟软。

5 揭开盖，倒入切好的梨、苹果，再放入香蕉，搅拌匀，用大火略煮片刻。

6 关火后盛出煮好的水果粥，装入碗中即可。

营养功效

保护视力、润肠通便

蓝莓草莓粥

原料

水发粳米◎150克
草莓◎30克
蓝莓◎30克

做法

1 将蓝莓、草莓洗净，沥干水分，待用。

2 砂锅中注入适量清水，倒入粳米，拌匀。

3 盖上盖，煮开后转小火续煮40分钟至米粒熟软。

4 揭开盖，倒入洗好的蓝莓、草莓，搅拌匀，关火后将煮好的粥盛出即可。

养心润肺、润肠通便

面包水果粥

原料

苹果◎100克

梨◎100克

草莓◎45克

面包片◎50克

做法

1　面包片切条形，再切成小丁块。

2　洗净的梨去核，去皮，切片，再切成条，改切成丁。

3　洗好的苹果削去果皮，去核，把果肉切片，再切条，改切成丁。

4　洗净的草莓去蒂，切小块，改切成丁。

5　砂锅中注入适量清水烧开，倒入面包块，略煮。

6　倒入切好的梨丁、苹果丁、草莓丁，搅拌匀，用大火煮1分钟，至食材熟软。

7　关火后将煮好的粥盛出即可。

营养功效

健脑益智、增强免疫力

蓝莓香蕉核桃粥

原料

水发大米◎100克

燕麦片◎100克

蓝莓◎30克

香蕉◎30克

核桃仁◎30克

做法

1. 香蕉去皮，果肉切成厚片；蓝莓洗净，沥水；核桃仁掰成小块，待用。

2. 砂锅中注入适量清水，倒入大米，搅拌匀，盖上盖，煮开后转小火煮30分钟至米粒熟软。

3. 揭开盖，倒入燕麦片，搅拌均匀，再次盖上盖，续煮10分钟至食材熟透。

4. 揭盖，再加入香蕉、蓝莓和核桃仁拌匀。

5. 关火后将煮好的粥盛入碗中即可。

补充能量、润滑肠道

香蕉粥

原料

香蕉◎100克

水发大米◎200克

做法

1　香蕉去皮，果肉切丁。

2　砂锅中注入适量清水烧开，倒入大米，拌匀。

3　加盖，煮沸后转小火煮40分钟至米粒熟软。

4　揭盖，放入香蕉，拌匀，续煮5分钟至香蕉软烂。

5　关火，将煮好的粥盛出，装入碗中即可。

营养功效

增强免疫力、促进消化

芋头粥

原料

芋头◎160克
水发大米◎80克

做法

1　洗净去皮的芋头切开，切成薄片，再切成丝，改切成粒。

2　锅中注入适量清水烧开，倒入大米，搅拌匀。

3　倒入芋头粒，搅拌均匀。

4　盖上盖，烧开后用小火煮40分钟至食材熟软。

5　揭开盖，略搅片刻。

6　关火后将煮好的粥盛出，装入碗中即可。

营养功效

生津止渴、健脾开胃

藕丁西瓜粥

原料

莲藕◎100克

西瓜◎100克

大米◎200克

做法

1 洗净去皮的莲藕切成片，再切条，改切成丁。

2 西瓜切成瓣，去皮，再切成小块。

3 砂锅中注入适量清水烧热，倒入大米，搅匀，盖上盖，煮开后转小火煮40分钟至其熟软。

4 揭开盖，倒入藕丁、西瓜，再盖上盖，用中火煮10分钟。

5 揭开盖，将食材搅拌均匀。

6 关火后将煮好的粥盛出，装入碗中即可。

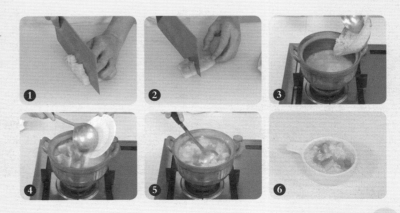

营养功效

促进消化、保护视力

开胃水果粥

原料

水发大米◎100克
燕麦片◎50克
草莓◎50克
蓝莓◎30克
覆盆子◎30克

做法

1 草莓洗净，切去蒂，再切成小块；蓝莓、覆盆子洗净，沥干水分，待用。

2 砂锅中注入适量清水，倒入大米，搅拌匀，盖上盖，煮开后转小火煮30分钟至米粒熟软。

3 揭开盖，倒入燕麦片，搅拌均匀，再次盖上盖，续煮10分钟至食材熟透。

4 揭盖，搅拌片刻，关火，将煮好的粥盛入碗中，再加入草莓、蓝莓、覆盆子拌匀，即可食用。

PART 3

孩子爱吃的
健康点心

营养功效

滋阴润燥、利于消化

叉烧焗餐包

原料

高筋面粉◎500克
鸡蛋◎1个
酵母◎8克
奶粉◎20克
黄油◎80克
叉烧馅◎90克

调料

细砂糖◎100克
盐◎5克

做法

1 将细砂糖、水倒入容器中，搅拌至细砂糖溶化，待用。

2 把高筋面粉、酵母、奶粉倒在案台上，用刮板开窝，倒入备好的糖水，将材料混合均匀，并按压成形。

3 加入鸡蛋，将材料混合均匀，揉搓成面团。

4 将面团稍微拉平，倒入70克黄油，揉搓均匀，加入盐，揉搓成光滑的面团。

5 用保鲜膜将面团包好，静置10分钟。

6 将面团分成数个60克的小面团，揉搓成圆球形，待用。

7 把叉烧馅分成大小均匀的剂子。

8 将小面团捏平，放入叉烧馅，包好，搓成圆球，制成叉烧餐包生坯。

9 将叉烧包生坯放入烤盘中，发酵90分钟。

10 在发酵好的生坯上刷上一层黄油。

11 将烤盘温度调至上火190℃、下火190℃，预热10分钟，将烤盘放入烤箱，烤15分钟至熟。

12 从烤箱中取出烤盘，将烤好的叉烧包摆放在盘中即可。

营养功效

增强免疫力、补充能量

生煎菌菇包

原料

水发香菇◎80克
肉末◎130克
酵母◎5克
面粉◎200克
泡打粉◎5克
姜末◎适量

调料

鸡粉◎3克
白糖◎适量
蚝油◎5克
生抽◎5毫升
老抽◎5毫升
芝麻油◎适量
猪油◎适量
食用油◎适量
盐◎适量

做法

1 香菇切成丁。

2 肉末盛入碗中，加入盐和少许清水，顺一个方向搅拌至起浆上劲。

3 加入鸡粉、白糖、蚝油、生抽、老抽，拌匀，放入姜末、芝麻油，拌匀，加入香菇粒，拌匀，制成馅料，备用。

4 把泡打粉撒入面粉中，用刮刀开窝，面窝中加入白糖、酵母。

5 将清水倒入窝中，刮入面粉，搅拌匀，使窝中的水与面粉黏合，继续加入清水，然后刮入没有被和匀的面粉。

6 将面团揉搓光滑，加入猪油，揉搓至面团完全光滑。

7 用擀面杖把面团擀成面片，把面片对折，再擀平，反复操作3~4次。

8 将面片卷起来，揉成均匀的长条，摘成数个大小相同的小剂子。

9 把剂子擀平，卷起，压成小面团，再把小面团擀成四周薄、中间厚的面饼。

10 取适量肉馅，放入面饼中，收口捏紧，制成包子生坯。

11 取一个干净的蒸锅，在锅底刷上一层食用油，将包子生坯放入蒸锅里，盖上盖，发酵30分钟。

12 烧热平底锅，倒入适量食用油，用大火烧热后改用小火，放入包子生坯，煎至底部焦黄，加少许清水，盖上盖，焖3~4分钟至熟透。

13 揭盖，把煎好的包子取出，装入盘中即可。

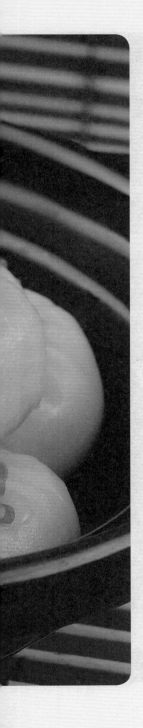

营养功效

促进生长、增强免疫力

海参煎包

原料

海参◎100克
包子皮◎适量
葱花◎适量

调料

盐◎3克
鸡粉◎3克
生抽◎5毫升
食用油◎适量

做法

1 处理干净的海参剁碎，装入碗中，加入盐、鸡粉、生抽拌匀，制成馅料，待用。

2 备好包子皮，摊开，放入适量的海参馅料，包成包子生坯。

3 热锅注油烧热，放入包子生坯，盖上锅盖，大火煎10分钟至水分收干。

4 揭盖，将包子取出，撒上葱花即可。

营养功效

滋阴补血、促进消化

黑金流沙包

原料

低筋面粉◎300克

熟咸鸭蛋黄◎3个

竹炭粉◎40克

酵母◎5克

吉利丁粉◎10克

黄油◎30克

牛奶◎70毫升

奶粉◎40克

食用金粉◎少许

调料

白砂糖◎20克

做法

1 把低筋面粉、竹炭粉、酵母倒在案台上，注入适量的水，揉成光滑面团，醒发至两倍大。

2 熟咸鸭蛋黄碾压成末，待用。

3 事先把吉利丁粉浸泡在牛奶中，待黄油与白砂糖隔水融化后倒入，最后倒入咸鸭蛋里，搅拌均匀，再加入奶粉搅拌匀，制成馅料。

4 将陷料放入冰箱冷藏，待凝固后分成数个20克重的馅料，放入冰箱冷冻室。

5 面团醒发好后搓成长条，切成大小均匀的剂子。

6 把小剂子擀成包子皮，放入冻好的馅，制成包子生坯

7 蒸锅注水烧开，放入包子生坯，大火蒸10分钟。

8 揭盖，将蒸好的包子取出，刷上食用金粉即可。

营养功效

补血、促进生长发育

红糖香菇包

原料

中筋面粉◎250克
酵母◎3克
可可粉◎4克
黏米粉◎4克

调料

红糖◎适量

做法

1 酵母用少量水化开，倒入面粉中，加入清水，揉搓成光滑的面团，醒10分钟。

2 可可粉、黏米粉混合均匀，慢慢加入少许清水，调成稠一点儿的糊。

3 取出醒好的面团揉匀，取大约3/4的面团搓成长条，再分切成25克大小的小剂子。

4 把剂子擀成圆片，包入少许红糖，慢慢合拢搓圆，制成香菇包生坯。

5 剩下的面团搓成食指粗的小条，再切成小段，制成香菇蒂。

6 在香菇包生坯的表面用刷子均匀地刷满可可粉糊，待用。

7 将香菇包生坯放到湿润的屉布上，发酵30分钟左右至出现裂纹。

8 蒸锅内加水烧开，放入包子生坯和香菇蒂，用中火蒸15分钟，焖2分钟。

9 关火，取出蒸好的包子，在底部戳个洞，把香菇蒂插入即可。

养心益肾、健脾厚肠、除热止渴

红糖馒头

原料

低筋面粉◎500克

红糖◎150克

泡打粉◎5克

酵母◎5克

做法

1 锅中注适量清水烧开，倒入红糖，搅拌，煮至溶化，盛出，装入碗中，待用。

2 把低筋面粉倒在案台上，用刮板开窝，加入泡打粉，混合均匀。

3 将酵母倒入窝中，加少许红糖水，搅匀，刮入面粉，混合均匀。

4 分数次加入剩余的红糖水，混合成面糊。

5 将面糊揉搓成面团，装入碗中，用保鲜膜封好，发酵1小时至两倍大，去掉保鲜膜。

6 取适量面团置于案台上，搓成长条状，揪成数个大小均等的剂子。

7 将剂子压扁，用擀面杖将剂子擀成圆饼状，捏成三角包，向中心聚拢，捏成橄榄状，制成生坯。

8 生坯各粘上一张包底纸，放入烧开的蒸锅，加盖，大火蒸8分钟即可。

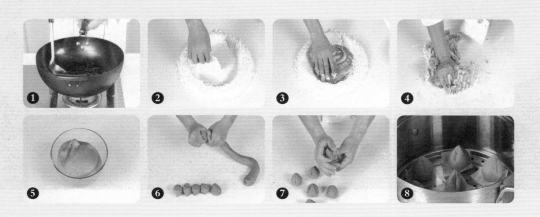

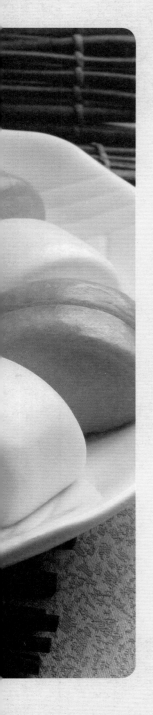

营养功效

补充能量、开胃

金银馒头

原料

面粉◎400克
酵母◎5克

调料

食用油◎适量
炼乳◎适量

做法

1 在装有酵母的碗中加入少许清水，拌匀。

2 面粉中再加入适量清水，加入活化好的酵母，一起拌匀，将面粉揉搓成光滑、有弹性的面团。

3 取部分面团，用擀面杖擀成面片。

4 将面片对折，再用擀面杖擀平，反复操作2～3次，使面片均匀、光滑。

5 将面片搓成均匀的长条，然后切成数个大小相同的馒头生坯。

6 取干净的蒸盘，刷上一层食用油，放上馒头生坯，放入水温为30℃的蒸锅中，盖上盖，发酵30分钟。

7 待馒头生坯发酵好，用大火蒸8分钟。

8 揭开锅盖，把蒸好的馒头取出，取一半馒头，用刀在表层竖着划上一刀，待用。

9 热锅注油，烧至七成热，放入划有刀花的馒头油炸至金黄色，捞出沥油。

10 将白馒头、黄金馒头摆放在盘中，蘸上适量的炼乳即可食用。

营养功效

滋阴润燥、增强免疫力

京葱香煎包

原料

香菇丁◎80克

肉末◎130克

酵母◎5克

面粉◎200克

泡打粉◎5克

姜末◎适量

葱花◎适量

调料

盐◎3克

鸡粉◎3克

白糖◎适量

蚝油◎5毫升

生抽◎5毫升

老抽◎5毫升

猪油◎适量

芝麻油◎适量

食用油◎适量

做法

1 肉末盛入碗中，加入盐和少许清水，顺一个方向拌至起浆上劲。

2 加入鸡粉、白糖、蚝油、生抽、老抽，拌匀，放入姜末、芝麻油，加入香菇丁，拌匀，制成馅料，备用。

3 把泡打粉撒入面粉中，用刮板开窝，面窝中加入白糖、酵母，加少许清水、面粉，拌匀。

4 将清水倒入窝中，加入拌好的酵母，用手搅匀，刮入面粉，搅拌匀，使窝中的水与面粉黏合。

5 分次加入清水，然后刮入没有被和匀的面粉，把面团揉搓至光滑，再加入猪油，揉搓至面团完全光滑。

6 用擀面杖把面团擀成面片，把面片对折，再擀平，反复操作3~4次。

7 将面片卷起来，揉成均匀的长条，摘数个大小相同的小剂子，把剂子擀平，卷起，压成小面团。

8 将小面团擀成四周薄、中间厚的面饼。

9 取适量肉馅，放入面饼中，收口捏紧，制成包子生坯。

10 取一个干净的蒸锅，在锅底刷上一层食用油，将做好的包子生坯放入蒸锅里，盖上盖，发酵30分钟。

11 烧热平底锅，倒入适量食用油，大火烧热后改用小火，放入包子生坯，煎至底部焦黄，加少许清水，盖上盖，焖3~4分钟至熟透。

12 揭盖，把煎好的包子取出，装入盘中，撒上葱花即可。

营养功效

帮助消化、促进生长发育

双色花卷

原料

低筋面粉◎1000克
酵母◎10克
熟南瓜◎200克

调料

白糖◎100克
食用油◎适量

做法

1 取500克面粉、5克酵母，倒在案板上，混合均匀，用刮板开窝，加入50克白糖，再分数次倒入少许清水，揉搓一会儿，至白色面团纯滑。

2 将白色面团放入保鲜袋中，包紧、裹严实，静置10分钟，备用。

3 取余下的面粉和酵母，倒在案板上，混合匀，用刮板开窝，加入50克的白糖，倒入熟南瓜，搅拌均匀，再分次加入适量清水，反复揉搓至面团光滑，制成南瓜面团。

4 把南瓜面团放入保鲜袋中，包裹好，静置10分钟，备用。

5 取适量白色面团，擀平、擀匀，再取适量南瓜面团，擀平、擀匀。

6 把南瓜面团叠放在白色面团上，放整齐，再压紧，擀成面片。

7 在面片上均匀地刷上一层食用油，沿面片的中间将两边对折两次，再分成四个等份的剂子。

8 在剂子的中间压出一道凹痕，沿凹痕对折，把两段拉长，扭成"S"形，再把两端捏在一起，制成双色花卷生坯。

9 蒸锅置于灶台上，注入适量清水，放入刷有少许食用油的蒸盘，再放入双色花卷生坯，盖上盖，静置1小时，使生坯发酵、涨大。

10 开火，烧开后用大火续蒸10分钟，关火后取出蒸熟的双色花卷即可。

营养功效

增强免疫力、促进食欲

奶黄包

原料

低筋面粉◎200克
酵母◎5克
泡打粉◎10克
奶黄陷◎120克
牛奶20毫升

调料

白糖◎20克

做法

1 把低筋面粉倒在案台上，用刮板开窝，加入泡打粉，倒入白糖。

2 酵母加牛奶，搅匀，倒入窝中，混合均匀，加少许清水，搅匀，刮入面粉，混合均匀，揉搓成光滑的面团。

3 取适量面团，搓成长条状，揪成数个大小均等的剂子。

4 把剂子压成饼状，擀成中间厚，四周薄的包子皮。

5 取适量奶黄馅，放在包子皮上，收口，捏紧，捏成球状生坯。

6 生坯粘上包底纸，放入蒸笼里，盖上盖，发酵1小时。

7 将发酵好的包子生坯放入蒸锅中，加盖，大火蒸6分钟。

8 揭盖，把蒸好的奶黄包取出即可。

营养功效

滋阴润燥、利于消化

生煎翡翠包

原料

水发香菇◎80克
菠菜汁◎50毫升
肉末◎130克
酵母◎5克
面粉◎200克
泡打粉◎5克
姜末◎适量

调料

盐◎2克
鸡粉◎适量
白糖◎2克
蚝油◎5毫升
生抽◎5毫升
老抽◎5毫升
猪油◎适量
芝麻油◎适量
食用油◎适量

做法

1 香菇切丁。

2 肉末盛入碗中，加入盐、菠菜汁，倒入少许清水，顺一个方向搅拌至起浆上劲。

3 加入鸡粉、白糖、蚝油、生抽、老抽，拌匀，放入姜末、芝麻油，拌匀，加入香菇粒，拌匀，制成馅料，备用。

4 把泡打粉撒入面粉中，用刮板开窝，面窝中加入白糖、酵母、少许清水和少许面粉，拌匀。

5 将清水倒入窝中，加入拌好的酵母，用手搅匀，刮入面粉，搅拌匀，使窝中的水与面粉黏合，加入清水，然后刮入没有被和匀的面粉。

6 继续加水，把面团揉搓至光滑，加入猪油，揉搓至面团完全光滑。

7 用擀面杖把面团擀成面片，把面片对折，再擀平，反复操作3～4次。

8 将面片卷起来，揉搓成均匀的长条，摘成数个大小相同的小剂子。

9 把小剂子擀平，卷起，压成小面团，把小面团擀成四周薄、中间厚的面饼。

10 取适量肉馅，放入面饼中，收口捏紧，制成包子生坯。

11 取一个干净的蒸锅，在锅底刷上一层食用油，放入包子生坯，盖上盖，发酵30分钟。

12 烧热平底锅，倒入适量食用油，用大火烧热改用小火，放入包子生坯，煎至底部焦黄，加少许清水，盖上盖，焖3～4分钟至熟透。

13 揭盖，把煎好的包子取出，装入盘中即可。

营养功效

补充能量、提高免疫力

猪猪包

原料

面粉◎300克

酵母◎8克

豆沙馅◎适量

冰牛奶◎适量

红曲粉◎少许

熟黑芝麻◎少许

调料

细砂糖◎50克

做法

1 将面粉、细砂糖、酵母一起秤量在不锈钢盆内。

2 加入冰牛奶后用筷子搅合成絮状，用手在盆内揉成团并擦干净盆底。

3 将面团转移至桌面开始揉面，揉至光洁细腻、无气泡的面团。

4 将面团分切为若干个小剂子。

5 取一块小面团，加入红曲粉，揉匀，用来做猪猪的鼻子和耳朵。

6 将小剂子擀成四周、中间厚的面片，包入豆沙馅，依次有序的做好猪猪身体，放在包底纸上，再贴上猪猪耳朵和鼻子，放入蒸笼里，盖上盖，发酵30分钟。

7 蒸锅上火烧开，放入蒸笼转中大火蒸8分钟，关火后闷4分钟。

8 揭盖，将蒸好的包子取出，用熟黑芝麻做好眼睛，再用牙签在鼻子处扎两个小洞即可。

营养功效

促进消化、增强免疫力

港式流沙包

原料

熟咸蛋黄◎80克

黄油◎40克

吉士粉◎40克

奶粉◎40克

牛奶◎25毫升

中筋面粉◎220克

酵母粉◎3克

调料

糖粉◎70克

做法

1 将熟咸蛋黄碾碎，加入黄油，搅拌均匀，继续加入吉士粉、奶粉、糖粉，拌匀。

2 加入牛奶，继续搅拌匀，直至拌成顺滑的糊状，制成陷料。

3 将馅料分装成12份，放进冰箱冷冻20~30分钟，直到凝固成雪糕状。

4 将冻好的馅料取出，迅速整成球形，平铺在垫了保鲜膜的烤盘上，继续放入冰箱冷冻，直到冻硬。

5 将面粉开窝，放入酵母，加入水，揉成光滑柔软的面团。

6 将面团放到碗中，加盖保鲜膜，室温下发酵40~50分钟。

7 将发酵好后的面团切分成12份，每份都揉圆。

8 取1份面皮，压扁，取1份馅料，包好捏紧，收口朝下，其他食材同样做法，制作若干生坯。

9 将生坯摆在蒸笼里，留一定空隙，盖好盖，室温下发酵30分钟左右。

10 锅中倒水烧沸，放入生坯，中火蒸8分钟。

11 揭盖，取出蒸好的包子，摆放在盘中即可。

营养功效

增强免疫力

猪肉烧卖

原料

水发糯米◎150克

肉末◎100克

豌豆◎20克

烧卖皮◎适量

调料

盐◎3克

鸡粉◎3克

胡椒粉◎3克

生抽◎适量

老抽◎适量

芝麻油◎适量

食用油◎适量

做法

1 水发糯米清洗干净后上笼蒸熟。

2 锅中注油烧热，下入肉末炒至变色，加入盐、鸡粉、生抽、老抽、胡椒粉，翻炒匀。

3 倒入蒸好的糯米翻炒均匀，淋入少许芝麻油，炒香，制成馅料。

4 烧卖皮中放入适量馅料，收紧口呈细腰形。

5 将洗净的豌豆装饰在烧卖上，放入蒸笼内，大火蒸8分钟。

6 关火，将蒸好的烧卖取出即可。

营养功效

补铁、补充能量

菠菜烧卖

原料

中筋面粉◎200克

豆沙馅◎适量

菠菜汁◎50毫升

做法

1 将中筋面粉面、菠菜汁混在一起，搅拌均匀，揉搓成光滑的面团，醒10分钟。

2 将菠菜面团搓成长条，分切成数个小剂子。

3 把小剂子压扁，擀成四周薄、中间厚的烧卖皮。

4 在烧卖皮中间放入豆沙馅。

5 用虎口收拢，往中间捏紧成型，制成烧卖生坯。

6 蒸锅上火烧开，放入烧卖生坯，蒸15分钟左右至熟即可。

营养功效

改善缺铁性贫血、提高免疫力

黑米糕

原料

黑米粉◎80克
低筋面粉◎20克
糯米粉◎20克
鸡蛋◎2个
泡打粉◎10克

调料

白糖◎40克
色拉油◎适量

做法

1 鸡蛋打入碗中，加入白糖，倒入适量色拉油，用打蛋器高速搅打2分钟。

2 将黑米粉、低筋面粉、糯米粉和泡打粉混合均匀，一起过筛，再加入蛋液中，拌匀。

3 将拌好的黑米糊倒入蛋糕模具中。

4 蒸锅上水烧开，放入黑米糊，用大火蒸10分钟后改中火蒸20分钟，关火焖10分钟。

5 取出蒸好的黑米糕，脱模，切块即可。

营养功效

促进消化、补充能量

紫薯麻圆

原料

小麦澄粉◎400克
水磨糯米粉◎100克
紫薯泥◎100克
莲蓉馅◎100克
白芝麻◎70克

调料

色拉油◎适量
细砂糖◎10克
食用油◎适量
猪油◎适量

做法

1 把小麦澄粉倒入容器中，分次倒入开水，拌匀。

2 把小麦澄粉倒在操作台上，揉成糊状，撕扯开，倒入细砂糖，揉匀，再撕开，放上猪油，揉搓片刻。

3 加入一半水磨糯米粉，揉搓片刻。

4 加入剩下的水磨糯米粉，以及紫薯泥揉搓片刻，倒入色拉油，揉匀至成形。

5 取一个适量大小的糯米面团，揉搓成长条形，用手撕扯出适量大的小剂子，放好。

6 将小剂子搓圆，再压平，取适量大小的莲蓉馅，放在面皮上，手掌捏拳，将边沿捏合，揉圆成形。

7 在手上蘸适量清水，将面团揉搓片刻，把面团放入芝麻碗中，均匀地裹上白芝麻，制成麻圆生坯。

8 将麻圆生坯轻轻地揉搓成椭圆形，使芝麻更黏合。

9 用油起锅，把麻圆生坯放入烧热的油锅中，炸5~6分钟至金黄色。

10 将炸好的麻圆捞出，装入盘中即可。

营养功效

健脑益智、增强抵抗力

香煎黄金糕

原料

木薯粉◎280克
鸡蛋◎4个
牛奶◎100毫升
黄油◎30克
酵母◎6克

调料

白糖◎30克
食用油◎适量

做法

1　奶锅中倒入牛奶，加入白糖，开小火，搅拌至溶化，再放入黄油，拌至溶化。

2　关火，加入木薯粉，搅拌，等到面糊冷却后加入酵母。

3　将鸡蛋打散，往蛋液中加入适量白糖，然后将面糊倒入蛋糊中，搅拌匀。

4　鸡蛋面糊隔水发酵1小时以上，水温控制在40 ℃，每20分钟搅拌一次。

5　往备好的模具里抹一层油，将面糊倒入模具中，继续发酵1小时。

6　蒸锅上火烧开，放入模具，用大火蒸20分钟，然后转小火10分钟，焖5分钟。

7　取出蒸好的食材，脱模，凉凉后切片。

8　热锅注油，放入黄金糕煎至两面微黄色，捞出盛入盘中即可。

明目活血、温补脾胃

黑米莲子糕

原料

水发黑米◎100克

水发糯米◎50克

水发莲子◎适量

调料

白糖◎20克

做法

1 备好一个碗，倒入黑米、糯米、白糖，加入适量清水，
   拌匀。

2 将拌好的食材倒入模具中，再摆上莲子。

3 将剩余的食材依次倒入模具中，备用。

4 电蒸锅注水烧开上气，放入米糕。

5 盖上锅盖，调转旋钮定时30分钟。

6 待30分钟后掀开锅盖，将米糕取出即可。

营养功效

补中益气、健脾养胃

农家米糕

原料

面粉◎500克
面包糠◎适量

调料

白糖◎适量
盐◎3克
食用油◎适量

做法

1 取一个干净的碗，倒入适量白糖，加入适量白开水，调成糖水，待用。

2 另取一碗，倒入面粉、盐，搅拌均匀，再一边搅拌一边倒入兑好的糖水，搅拌成稀面糊。

3 将拌好的面糊倒在湿蒸布上，撒上适量白糖，放入电蒸锅，盖上湿蒸布，再盖上盖，大火蒸10分钟后改用中火再蒸30分钟。

4 揭开盖，揭开蒸布，将米糕倒扣在案板上，修整成四方形状，再对半切开，切成长块状。

5 切好的米糕均匀地裹上面包糠，放入备好的盘中待用。

6 热锅注油，烧至七成热，将米糕表面炸至金黄色。

7 捞出炸好的米糕，沥干油，摆放在盘中即可。

营养功效

养心益肾、补中益气

红糖糍粑

原料

糯米粉◎250克

调料

红糖◎40克
食用油◎适量

做法

1 取一碗，倒入糯米粉，加入红糖，注入少许清水，搅匀，再倒入食用油，搅拌均匀，制成米浆。

2 蒸笼中放入数个锡纸杯，盛入适量米浆，待用。

3 蒸锅中注入适量清水烧开，放入蒸笼，加盖，大火蒸13分钟至熟。

4 揭盖，取出蒸笼。

5 热锅注油，烧至七成热，放入蒸好的食材油炸至金黄色，装入盘中。

6 另起锅，倒入少许清水，加入红糖，用小火烧热，不停搅拌至红糖溶化。

7 将红糖水盛入小碟中，食用时蘸取。

营养功效

健脾胃、提高抵抗力

桑葚芝麻糕

原料

面粉◎250克
黏米粉◎250克
鲜桑葚◎100克
黑芝麻◎35克
酵母◎5克

调料

白糖◎25克

做法

1 锅中注入适量清水烧开，倒入备好的桑葚，熬煮10分钟，至煮出桑葚汁。

2 关火后捞出桑葚渣，将桑葚汁装在碗中，放凉待用。

3 取一大碗，倒入面粉、黏米粉，放入酵母，撒上白糖，拌匀，注入备好的桑葚汁，混合均匀，揉搓一会儿，制成纯滑的面团。

4 用保鲜膜封住碗口，静置，发酵1小时，待用。

5 取发酵好的面团，揉成面饼状。

6 将面饼放入蒸盘中，撒上黑芝麻，即成芝麻糕生坯。

7 蒸锅上火烧开，放入蒸盘，盖上盖，用大火蒸15分钟，至生坯熟透。

8 关火后揭盖，取出蒸盘，稍微冷却后将芝麻糕分切成小块，摆在盘中即可。

营养功效

健脾暖胃、活血散寒

红糖发糕

原料

泡打粉◎20克
低筋面粉◎250克
三花淡奶◎50毫升
鸡蛋◎1个

调料

红糖◎50克
食用油◎适量

做法

1 鸡蛋打入碗中，打散，制成蛋液。

2 另取一碗，倒入红糖，注入适量清水，倒入三花淡奶，拌匀。

3 加入低筋面粉，倒入鸡蛋液，拌匀，用电动搅拌器快速搅成均匀纯滑的浆。

4 加入泡打粉，用电动搅拌器搅匀。

5 倒入适量食用油，搅匀，制成粉浆，倒入模具中，放入蒸笼里。

6 蒸锅中注入适量清水烧开，放入蒸笼，加盖，大火蒸20分钟至熟。

7 揭盖，取出蒸好的发糕，脱模，分切成小块即可。

营养功效

健脾厚肠、提高免疫力

红糖米糕

原料

黏米粉◎205克
泡打粉◎2克
耐糖酵母◎5克

调料

红糖◎100克
食用油◎少许

做法

1 黏米粉中加入适量清水搅成絮状。

2 锅中倒入红糖，加入适量清水，边煮边搅拌，直至红糖完全溶化。

3 将煮好的红糖水放凉，倒入黏米粉中，搅成顺滑无颗粒的粉浆。

4 酵母加入少许温水化开，静置10分钟。

5 将酵母水、泡打粉、食用油加入凉凉的粉浆中，混匀，装入模具中，盖上保鲜膜，发酵1小时至表面出现很多气泡。

6 蒸锅上火烧开，放入粉浆，用大火蒸20分钟。

7 关火，取出蒸好的米糕，脱模，再切成小块即可。

营养功效

润肠道、促进消化

脆皮香蕉

原料

香蕉◎2根
鸡蛋◎2个
面粉◎50克
面包糠◎50克

调料

食用油◎适量

做法

1 香蕉去皮，待用。

2 将鸡蛋打入碗中，打散，然后加入一大勺面粉，搅拌成黏稠的面糊。

3 将香蕉放入鸡蛋面糊中，逐个淹没着裹满面糊。

4 用筷子夹起一根沾满面糊的香蕉条，放到面包糠上，均匀地裹上面包糠。

5 将裹有面包糠的香蕉再放入的烧热油锅中，小火慢炸，炸至两面稍黄。

6 夹出炸好的香蕉，沥干油，装入盘中即可。

营养功效

健脑益智、增强抵抗力

脆果子

原料

低筋面粉◎200克

玉米淀粉◎50克

花生米◎适量

鸡蛋◎1个

黄油◎20克

调料

细砂糖◎20克

做法

1 把低筋面粉倒入玉米淀粉中，拌匀，倒在案台上，用刮板开窝。

2 鸡蛋打入碗中，打散，制成蛋液。

3 倒入细砂糖、鸡蛋液、黄油，拌匀，揉搓成纯滑的面团。

4 用保鲜膜将面团包好，放入冰箱冷藏15分钟。

5 从冰箱中取出面团，撕去保鲜膜，用刮板将面团切成数个大小均等的小面团。

6 将小面团捏平，放入花生米，包好，揉成圆球。

7 将做好的生坯放入烤盘，放入烤箱中，以上火180℃、下火180℃烤15分钟至熟。

8 将烤盘取出，把脆果子装入盘中即可。

营养功效

促进骨骼发育、润肠通便

芝麻球

150

原料

熟芝麻◎100克
莲蓉◎150克
澄面◎100克
糯米粉◎500克

调料

猪油◎150克
白糖◎175克
食用油◎适量

做法

1 将备好的澄面装入碗中，注入适量开水，烫一会儿，搅拌匀，再把碗倒扣在案板上，静置20分钟，使澄面充分吸干水分。

2 揭开碗，将发好的澄面揉搓匀，制成澄面团，备用。

3 将部分糯米粉倒在案板上，用刮板开窝，加入白糖，注入适量清水，搅拌匀，再分次加入余下的糯米粉、清水，搅拌匀，揉搓至纯滑。

4 放入备好的澄面团，混合均匀，加入备好的猪油，揉搓一会儿，至其溶入面团中，待用。

5 将备好的面团搓成长条，分成数个小剂子。

6 将备好的莲蓉搓成条，切成小段，制成馅料。

7 把小剂子压成饼状，使中间微微向下凹，放入备好的陷料，收紧口，揉搓成圆球状，蘸上清水，滚上备好的熟芝麻，揉均匀，制成芝麻生坯。

8 热锅注油，烧至五成热，关火，放入芝麻球生坯，浸炸一会儿，至生坯浮起。

9 开火，轻轻搅动芝麻球，使其均匀受热，再转小火炸一会儿，至其呈金黄色。

10 关火后捞出炸好的芝麻球，沥干油，装入盘中即可。

营养功效

通便止泻、健脾开胃

乡村藕饼

原料

莲藕◎90克

红椒◎50克

面粉◎200克

酵母◎5克

泡打粉◎5克

调料

盐◎3克

鸡粉◎3克

猪油◎适量

食用油◎适量

做法

1 莲藕去皮，切碎；红椒切小块。

2 把面粉倒在案板上，开窝，放入酵母、泡打粉，拌匀，
   倒入少许温水，搅匀，加入盐、鸡粉，一边注入温水，
   一边刮入周边的面粉，搅拌匀，揉搓成光滑的面团。

3 放入切好的莲藕、红椒，充分搅和均匀。

4 放入适量猪油，揉匀。

5 取一个干净的毛巾，覆盖在面团上，静置发酵10分钟。

6 撒去毛巾，在案板上撒上适量面粉，把面团搓成长条
   形，再切成小段，分成数个小剂子。

7 将小剂子压成圆饼，制成饼坯。

8 烧热炒锅，倒入适量食用油，烧至三四成热，转小火，
   下入备好的饼坯，转动炒锅，煎出焦香味。

9 待面饼呈焦黄色后翻转饼坯，再煎3分钟至两面熟透，
   即成煎饼。

153

营养功效

补铁补血、增加免疫力

椒麻牛肉饼

原料

面粉◎400克
牛肉◎150克
鸡蛋◎1个

调料

盐◎3克
鸡粉◎3克
芝麻油◎10毫升
花椒粉◎10克
食用油◎适量

做法

1 洗净的牛肉切碎，剁成肉末。

2 面粉装入碗中，放入蛋黄，加少许清水，再加入盐、鸡粉、花椒粉、芝麻油，抓匀，制成面糊。

3 将面糊揉搓成光滑的面团，搓成长条，分切成数个大小均等的小剂子，擀平做成面皮。

4 取一块面皮，中间放入牛肉末，另外拿一块面皮覆盖在上面，将两张面皮叠起来的边用手指捏薄，再捏成穗状的花边，制成生坯，依此法将剩下的食材都做成饼坯。

5 热锅注油，烧至五成热，将生坯放入油锅中，用小火炸2分30秒至熟。

6 关火，将饼捞出摆放在盘中即可。

开胃消食、促进消化

韭菜豆渣饼

原料

鸡蛋◎120克

韭菜◎100克

豆渣◎90克

玉米粉◎55克

调料

盐◎3克

食用油◎适量

做法

1 将洗净的韭菜切成粒。

2 用油起锅，倒入切好的韭菜，翻炒至断生。

3 放入备好的豆渣，炒香、炒透，加入少许盐，炒匀调味。

4 关火后盛出炒好的食材，装入盘中，待用。

5 鸡蛋打入碗中，加入剩余的盐，打散、调匀，再放入炒好的食材，搅拌匀，撒上玉米粉，调匀，制成豆渣饼面糊。

6 煎锅中注入少许食用油烧热，倒入调好的面糊，摊开、铺匀，用中火煎一小会儿。

7 翻转豆渣饼，再用小火煎2分钟，至两面熟透、呈金黄色。

8 关火后盛出煎好的豆渣饼，分成小块，摆好盘即可。

营养功效

健脾养胃、强身健体

南瓜饼

原料

熟南瓜◎300克
糯米粉◎500克
豆沙◎100克

调料

白糖◎30克
食用油◎适量

做法

1 将熟南瓜捣烂，搅拌成泥。

2 南瓜泥中加入白糖，分多次倒入糯米粉，拌匀，揉搓，和成粉团。

3 将粉团揉搓成长条，摘成数个大小合适的生坯，按扁，待用。

4 豆沙揉成条，摘成小块，放入生坯中，收紧包裹严实，放入南瓜模具中做成南瓜，凝固，待用。

5 锅中倒入适量食用油，烧至四五成热。

6 放入南瓜饼生坯，炸2分钟至熟，捞出，按此方法将剩余的南瓜饼炸熟。

7 将炸制好的南瓜饼装入盘内即可。

润肠通便、增强免疫力

香蕉酥

原料

高筋面粉◎200克
低筋面粉◎200克
黄油◎适量
鸡蛋◎2个
香蕉泥◎90克

调料

细砂糖◎30克

做法

1 把高筋面粉和低筋面粉混合，开窝，中间倒入细砂糖、黄油，把细砂糖与黄油初步混合，加入蛋黄液，拌匀。

2 分次加入适量的水，刮入面粉，混合均匀，揉搓成光滑的面团，搓成长条，再分切成小剂子。

3 将小剂子按扁，待用。

4 把香蕉泥分成每小份30克，揉成球状，放入面饼中，包裹好，搓成条状，制成生坯。

5 将生坯放入预热好的烤箱，以上、下火120℃烘烤25分钟。

6 将烤好的香蕉酥取出即可食用。

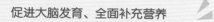
营养功效

促进大脑发育、全面补充营养

奶香蛋挞

原料

牛奶◎200毫升

鸡蛋◎2个

炼乳◎10毫升

蛋挞皮◎适量

猕猴桃丁◎少许

芒果丁◎少许

圣女果◎少许

做法

1 圣女果洗净，对半切开。

2 鸡蛋打入碗里，用搅拌器搅打均匀。

3 将鸡蛋液倒入牛奶中，加入炼乳，再次搅拌均匀。

4 用过滤网将蛋奶液过滤2次。

5 取备好的蛋挞皮，放入烤盘中，把过滤好的蛋液倒入蛋挞皮内，约八分满，放上少许水果丁，制成蛋挞生坯。

6 打开烤箱门，将烤盘放入预热好的烤箱中。

7 关上烤箱门，以上火150℃、下火160℃烤10分钟至熟。

8 取出烤盘，把烤好的蛋挞装入盘中即可。

营养功效

增强免疫力、促进发育

越式素春卷

原料

香菇◎80克
猪瘦肉◎130克
春卷皮◎200克

调料

盐◎3克
鸡粉◎3克
白糖◎2克
料酒◎5毫升
生抽◎5毫升
老抽◎5毫升
水淀粉◎适量
食用油◎适量
芝麻油◎适量

做法

1 洗好的香菇切片，改切成丝。

2 洗好的猪瘦肉切片，改切成末。

3 用油起锅，放入肉末、香菇，炒匀。

4 加入适量盐、鸡粉、白糖，淋入料酒、生抽、老抽，炒匀。

5 倒入适量水淀粉，翻炒片刻，加入芝麻油，炒匀。

6 盛出锅中食材，待用。

7 取适量炒好的食材，放入春卷皮中。

8 春卷皮四边向内对折，卷起包裹好，再抹上少许面浆封口，制成春卷生坯，装入盘中，待用。

9 热锅注油，烧至五成热，放入春卷生坯，炸3分钟至表面呈金黄色。

10 捞出炸好的春卷，装入盘中即可。

营养功效

润肠通便、促进食欲

香蕉松饼

原料

香蕉◎255克

低筋面粉◎280克

鸡蛋◎1个

圣女果◎30克

泡打粉◎35克

牛奶◎100毫升

做法

1 取一半香蕉，去皮，切成段，再切碎，待用。

2 另一半香蕉去皮，切成段。

3 洗净的圣女果对半切开。

4 将香蕉段、圣女果摆入盘中。

5 取一个碗，倒入低筋面粉、泡打粉、香蕉碎，打入鸡蛋，淋入牛奶，搅拌匀，制成面糊。

6 热锅注油烧热，倒入面糊，煎制1分钟使其定形。

7 翻面，继续煎至表面呈金黄色。

8 关火，将松饼盛出，装入盘中即可。

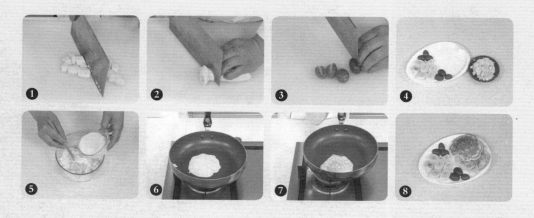

营养功效

补中益气、增强抵抗力

香芋吐司卷

原料

吐司◎200克
鸡蛋◎2个
香芋泥◎90克
白芝麻◎适量

调料

花生酱◎适量
食用油◎适量

做法

1 吐司去掉边，用擀面杖擀成薄片。

2 在薄片吐司上抹上一层花生酱。

3 将香芋泥捏成圆柱体，放在抹好花生酱的吐司上，卷起来，捏紧收口处。

4 鸡蛋打散，制成蛋液。

5 将卷好的吐司卷均匀的蘸一层蛋液，两端赞沾上白芝麻，待用。

6 锅内注入适量食用油，烧至七成热，将蘸好蛋液的吐司卷放入锅内，小火炸至金黄。

7 将炸好的土司卷捞出，沥干油，盛入盘中即可。

健脑益智、促进生长发育

养生一品蛋酥

原料

鸡蛋◎3个

淀粉◎150克

吉士粉◎10克

彩针糖◎适量

调料

白糖◎8克

食用油◎适量

做法

1 备好碗，打入鸡蛋，放入白糖、淀粉、吉士粉，不停地拌匀。

2 锅内注入适量的油，烧至七成热。

3 将面糊倒在模具中凝固，待用。

4 将凝固好的生坯放入油锅中，小火油炸至微黄色。

5 将油炸好的蛋酥捞出，沥干油，摆放在盘中，撒上彩针糖即可。

营养功效

增加记忆力、促进胃肠蠕动

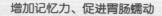

玉米锅贴

原料

玉米粒◎80克

玉米面粉◎200克

胡萝卜丁◎90克

鸡蛋◎1个

葱花◎适量

调料

盐◎3克

胡椒粉◎5克

食用油◎适量

白糖◎适量

做法

1　锅中倒入清水，加入少许盐，倒入玉米粒、胡萝卜丁，煮1分钟。

2　捞出煮熟的食材，待用。

3　取一碗，倒入玉米面粉，加入白糖，拌匀。

4　打入鸡蛋，充分拌匀，注入少许清水，拌匀。

5　放入葱花、玉米粒、胡萝卜丁，拌匀，加入剩余的盐、胡椒粉，拌匀，制成面糊。

6　用油起锅，将玉米面糊倒入锅中，小火煎1分钟。

7　用锅铲翻面，继续煎2分钟至金黄色。

8　关火，将煎好的饼盛出，分切成若干块，装入盘中即可。

营养功效

增加记忆力、促进肠胃蠕动

粗粮玉米酥

原料

低筋面粉◎32◎5克

玉米粉◎100克

鸡蛋◎1个

黄油◎100克

吉士粉◎适量

奶粉◎40克

臭粉◎25克

食粉◎25克

泡打粉◎4克

面包糠◎适量

调料

猪油◎50克

白糖◎30克

做法

1 鸡蛋倒入碗中，打散，待用。

2 把低筋面粉倒在案台上，加入适量玉米粉、白糖、吉士粉、奶粉、臭粉、食粉、泡打粉，混合均匀。

3 取一个碗，倒入黄油、猪油，搅拌均匀。

4 将黄油混合物加入到混合好的低筋面粉中，搅拌均匀。

5 加入鸡蛋液，搅拌，揉搓成光滑的面团。

6 将面团搓成条状，切成数个大小均等的剂子。

7 把剂子捏成长条，制成生坯。

8 生坯均匀地沾上面包糠。

9 将生坯放入烤箱，关上箱门，上下火均调为180℃，烤15分钟。

10 打开箱门，将烤好的酥饼取出即可。

营养功效

养肝明目、润肺生津

拿破仑酥

原料

低筋面粉◎220克

高筋面粉◎30克

片状酥油◎180克

打发的鲜奶油◎适量

白芝麻◎适量

黄油◎40克

芒果丁◎80克

火龙果丁◎80克

草莓块◎80克

哈密瓜丁◎80克

调料

细砂糖◎5克

盐◎5克

做法

1 在操作台上倒入低筋面粉、高筋面粉，用刮板开窝。

2 倒入细砂糖、盐、清水，用刮板拌匀，并用手揉搓成光滑的面团。

3 在面团上放上黄油，揉搓成光滑的面团，静置10分钟。

4 在操作台上铺一张白纸，放入片状酥油，包好，用擀面杖擀平，待用。

5 把面团擀成片状酥油两倍大的面皮。

6 将片状酥油放在面皮的一边，去除白纸，将另一边的面皮覆盖上片状酥油，折叠成长方块。

7 在操作台上撒少许低筋面粉，将包裹着片状酥油的面皮擀薄，对折四次，放入铺有少许低筋面粉的盘中，放入冰箱，冷藏10分钟。将上述步骤重复操作三次。

8 在操作台上撒少许低筋面粉，放上冷藏过的面皮，擀成薄面皮。

9 将量尺放在面皮边缘，用刀将面皮边缘切平整，再把面皮对半切开。

10 取其中一块面皮，先将量尺放在面皮上，切出一小块，以切出的小块面皮为基准，再切出两块同样大小的面皮。

11 将三块面皮放入烤盘，刷上适量蛋黄液，撒入适量白芝麻。

12 将烤盘放入烤箱中，温度调成上、下火200℃，烤20分钟至熟。

13 将花嘴装入裱花袋中，把裱花袋尖端剪开，装入打发的鲜奶油，待用。

14 从烤箱中取出烤好的酥皮，在其中一块酥皮四周挤上鲜奶油，摆放上备好的水果，依次一层一层加放酥皮和水果即可。

营养功效

增强免疫力、通利大肠

青豆煎饼

原料

豌豆◎90克
面粉◎200克
酵母◎5克
泡打粉◎10克

调料

白糖◎20克
食用油◎适量
猪油◎50克

做法

1 锅内注水烧开，倒入豌豆煮至断生，捞出，用榨汁机榨成汁，待用。

2 把面粉倒在案板上，开窝，放入酵母、泡打粉，拌匀，倒入少许温水，搅匀，加入白糖。

3 一边注入温水，一边刮入周边的面粉，搅拌匀，揉搓成光滑的面团。

4 倒入制好的豌豆泥，充分搅和均匀。

5 放入适量猪油，揉匀，制成面团。

6 取一块干净的毛巾，覆盖在面团上，静置、发酵10分钟。

7 撤去毛巾，在案板上撒上适量面粉，把面团搓成长条形，再切成小段，分成数个小剂子。

8 将小剂子压成圆饼，制成饼坯。

9 烧热炒锅，倒入适量食用油，烧至三四成热。

10 转小火，下入饼坯，转动炒锅，煎出焦香味。

11 待面饼呈焦黄色后翻转饼坯，再煎3分钟至两面熟透，即成煎饼。

12 关火后夹出煎饼，装入盘中，摆好盘即可。

营养功效

aaaa

奶香玉米饼

原料

鸡蛋◎1个
牛奶◎100毫升
玉米粉◎150克
面粉◎120克
泡打粉◎少许
酵母◎少许

调料

白糖◎适量
食用油◎适量

做法

1 将玉米粉、面粉倒入大碗中，再倒入泡打粉、酵母，加入少许白糖，搅拌匀。

2 打入鸡蛋，拌匀，倒入牛奶，搅拌匀。

3 分次加入少许清水，搅拌匀，使材料混合均匀，呈糊状。

4 盖上湿毛巾，静置30分钟，使其发酵。

5 揭开毛巾，取出发酵好的面糊，注入少许食用油，拌匀，备用。

6 煎锅置于火上，刷上少许食用油烧热，转小火，将面糊做成数个小圆饼放入煎锅中。

7 转中火煎出香味，晃动煎锅，翻转小面饼，用小火煎至两面熟透。

8 关火后盛出煎好的面饼，装入盘中即可。

❶ ❷ ❸ ❹ ❺ ❻ ❼ ❽

补脾养胃、生津益肺

山药脆饼

原料

面粉◎90克

去皮山药◎120克

豆沙◎50克

食用油◎适量

调料

白糖◎30克

做法

1 山药对半切开，切粗条，切块，装碗。

2 电蒸锅注水烧开，放入切好的山药块，加盖，蒸20分钟至熟透。

3 揭盖，取出蒸熟的山药，装入保鲜袋中，用擀面杖将山药碾成泥。

4 将山药泥放入大碗中，倒入80克面粉，注入约40毫升清水，搅拌均匀。

5 将拌匀的山药泥及面粉倒在案台上，揉搓成纯滑面团，套上保鲜袋，饧发30分钟。

6 取出饧发好的面团，撒上少许面粉，搓成长条状，掰成数个剂子。

7 剂子稍稍搓圆，压成圆饼状，用擀面杖将圆饼擀成薄面片。

8 面片中间放入适量豆沙。

9 将面片包裹好，收紧口，压扁成圆饼生坯。

10 用油起锅，放入饼坯，煎1分钟至底部微黄。

11 翻面，续煎1分钟至另一面焦黄，再次翻面，稍煎片刻至脆饼熟透。

12 关火后盛出煎好的脆饼，装盘，撒上适量白糖即可。

营养功效

强身健体、促进消化

飘香榴莲酥

原料

低筋面粉◎450克

高筋面粉◎100克

起酥油◎400克

黄油◎150克

栗粉◎50克

牛奶◎200毫升

榴莲◎80克

植物奶油◎50克

蛋清◎20克

鸡蛋◎2个

调料

白糖◎100克

猪油◎50克

食用油◎适量

做法

1 把起酥油倒在案台上，揉搓均匀，加入黄油，混合均匀，加入低筋面粉，揉搓成面团。

2 把面团装入垫有保鲜膜的模具里，用刮板刮平整，待用，命名为面1。

3 将低筋面粉倒在案台上，用刮板开窝，放入白糖、鸡蛋，搅匀，加入高筋面粉，刮入少许低筋面粉，放入黄油，混合均匀。

4 继续刮入低筋面粉，混合均匀，揉搓成面团。

5 把面团装入垫有保鲜膜的模具里，待用，做成面团2。

6 案台撒上适量面粉，放上面团2，用擀面杖擀成大张面皮，盖上面团，包裹好，用擀面杖压平，擀成厚薄均匀的面皮，去掉边角料。

7 将面皮一端向中间，刷一层面粉，将另一端向中间对折，再用擀面杖擀薄。反复操作数次，擀成光滑的长方形酥皮。

8 擀好的酥皮切去边角料，切成四等份。

9 把两份酥皮叠在一起，用擀面杖擀压平整，用保鲜膜包裹好，待用。

10 将栗粉倒入玻璃碗，分别加入白糖、蛋清、牛奶、植物奶油、猪油，拌匀，拌成面浆，装入一碗中。

11 将面浆放入烧开的蒸锅中，加盖，大火蒸30分钟，取出，用搅拌器搅匀，放上榴莲，搅匀，制成馅料。

12 取一干净的面粉袋，放上酥皮，用刀切成两块。

13 取一块酥皮，切成棱形块，撒上少许面粉，用擀面杖擀成薄皮，取适量馅料，放在薄皮上，收口，捏紧，捏成锥子状，制成榴莲酥生坯。

14 热锅注油烧至六成热，生坯装入漏勺放入油锅，炸至起酥，呈金黄色。

15 把炸好的榴莲酥捞出，沥干油分，装入盘中即可。

营养功效

强身健体、补充能量

蛋黄酥

原料

中筋面粉◎140克

糖粉◎15克

黄油◎120克

低筋面粉◎110克

红豆沙◎240克

咸鸭蛋黄◎12颗

蛋液◎少许

黑芝麻◎少许

高度白酒◎少许

调料

食用油◎适量

做法

1 中筋面粉、糖粉、65克黄油混匀，加入适量清水，揉搓成光滑的面团，用保鲜袋包裹好，松弛30分钟，制成油皮面团。

2 低筋面粉与55克软化的黄油混合均匀，装入保鲜袋，松弛30分钟，制成油酥面团。

3 咸蛋黄事先用食用油浸泡2小时，喷上少许高度白酒，放入180℃预热好的烤箱烤5分钟左右，以不出油为好。

4 豆沙馅分成12等份，按成一个窝状，放上一颗蛋黄，包裹好（不要全部包满，留一点空隙）。

5 松弛好的两种面团各分成12小剂子，将油皮剂子擀平。

6 用油皮面皮包裹油酥剂子，收口朝下，用手按扁，用擀面杖由中间分别向上向下擀开，由上向下卷起3圈，再用同样手法擀开卷起，进行二次擀卷，最后松弛15分钟左右。

7 拿起一个擀卷好的面团在中间按一下，使两端向上翘起，用手把不规则的边缘向中间收拢，再按扁成圆形。

8 放上一颗豆沙蛋黄馅，借助虎口向上收拢合口捏紧，稍加整理成型，收口朝下，放入铺有油纸的烤盘里，表面刷蛋黄液，制成蛋黄酥饼生坯。

9 用擀面杖头在每个蛋黄酥饼坯顶沾上黑芝麻。

10 烤箱200℃预热，放入烤盘，烤25分钟即可。

豆渣鸡蛋饼

原料

豆渣◎80克
鸡蛋◎2个
葱花◎少许

调料

盐◎2克
鸡粉◎2克
食用油◎适量

做法

1 锅置火上，倒入少许食用油，放入豆渣，炒至熟透，盛出，待用。

2 取一碗，打入鸡蛋，加盐、鸡粉，拌匀。

3 倒入炒好的豆渣，拌匀，撒上葱花，搅拌均匀。

4 用油起锅，倒入部分拌好的食材，炒匀。

5 关火后盛出炒好的食材，装入余下的食材中，拌匀。

6 煎锅上火烧开，倒入少许食用油烧热，倒入混合好的食材，摊开，铺匀，晃动煎锅，用小火煎至蛋饼成形。

7 翻转蛋饼，用小火煎至两面熟透。

8 关火后盛出煎好的蛋饼，切成小块，装入盘中即可。

营养功效

减轻疲劳、防龋固齿

绿茶饼

原料

绿茶粉◎70克
面粉◎300克
鸡蛋◎2个
白芝麻◎适量

调料

白糖◎80克
食用油◎适量

做法

1 鸡蛋打入碗中，加入适量的白糖、食用油，拌匀。

2 倒入绿茶粉、面粉，拌匀，揉搓成光滑的面团。

3 取适量面团，用擀面杖擀成厚度相等的饼，用圆形模具分切成数个小圆饼坯

4 在饼坯四周均匀地沾满白芝麻。

5 将饼坯放入预热好的烤箱中，上、下火调为180℃烤10分钟。

6 取出烤好的饼，摆入盘中即可。

营养功效

促进新陈代谢、增强抵抗力

菠菜煎饼

原料

菠菜◎90克
面粉◎200克
酵母◎5克
泡打粉◎5克

调料

盐◎3克
鸡粉◎3克
猪油◎适量
食用油◎适量

做法

1 用刀将洗净的菠菜切碎，备用。

2 把面粉倒在案板上，开窝，放入酵母、泡打粉，拌匀，倒入少许温水，搅匀，加入盐、鸡粉。

3 一边注入温水，一边刮入周边的面粉，搅拌匀，揉搓成光滑的面团。

4 放入制好的菠菜碎，充分搅和均匀。

5 放入适量猪油，揉匀，制成菠菜面团。

6 取一块干净的毛巾，覆盖在面团上，静置、发酵10分钟。

7 撤去毛巾，在案板上撒上适量面粉，把面团搓成长条形，再切成小段，分成数个小剂子。

8 将小剂子压成圆饼，制成饼坯。

9 烧热炒锅，倒入适量食用油，烧至三四成热，转小火，下入饼坯，转动炒锅，煎出焦香味。

10 待面饼呈焦黄色后翻转饼坯，再煎3分钟至两面熟透，即成菠菜煎饼。

营养功效

化痰止咳、消炎止痛

艾蒿馍馍

原料

艾蒿◎100克
糯米粉◎300克
熟花生米◎50克

调料

食用油◎适量
红糖◎20克

做法

1 艾蒿切碎；熟花生米切碎。

2 将花生米和红糖混合在一起做成馅料，待用。

3 将艾蒿与糯米粉搅拌均匀，加入适量清水拌匀，揉成光滑的面团，醒15分钟。

4 将面团搓成长条，切成小节，用擀面杖擀成面皮。

5 往面皮中加入适量的馅料，包好，制成馍馍生坯。

6 热锅注油，放入馍馍，煎至两面微黄色。

7 将煎熟的馍馍盛出，装入盘中即可。

营养功效

促进生长发育、补充能量

冰镇菠萝油

原料

高筋面粉◎500克

低筋面粉◎125克

酵母◎8克

奶粉◎20克

鸡蛋◎50克

臭粉◎1克

食粉◎1克

黄油◎70克

冷冻黄油◎1片

蛋黄液◎少许

调料

细砂糖◎100克

盐◎4克

做法

1 将50克细砂糖倒入容器中，加入适量水，搅拌至细砂糖完全溶化。

2 把高筋面粉、酵母、奶粉倒在案台上，用刮板开窝，倒入备好的糖水，将材料混合均匀，并按压成形。

3 加入鸡蛋，混合均匀，揉搓成面团。

4 将面团稍微拉平，倒入20克黄油，揉搓均匀。

5 加入适量盐，揉搓成光滑的面团，用保鲜膜将面团包好，静置10分钟。

6 将面团分成数个60克一个的小面团，把小面团揉搓成圆形，再放入烤盘中，使其发酵90分钟，备用。

7 将低筋面粉倒在案台上，用刮板开窝，倒入水、50克细砂糖，用刮板拌匀，加入臭粉、食粉，将材料混合均匀。

8 倒入50克黄油，混合均匀，揉搓成纯滑的面团，制成酥皮面团。

9 取一小块酥皮，用保鲜膜包好，用擀面杖将酥皮擀薄，放在发酵好的小面团上，刷上适量蛋黄液，用竹签划上十字花形，制成菠萝包生坯。

10 把烤盘放入预热好的烤箱，以上火190℃、下火190℃烤15分钟至熟。

11 从烤箱中取出烤好的菠萝包，横着切开不切断，填入一片冷冻好的黄油，装入盘中即可。

营养功效

助消化、促进新陈代谢

牛奶吐司

原料

面包预拌粉◎350克
鸡蛋◎1个
牛奶◎100毫升
黄油◎20克
酵母粉◎3克

调料

白砂糖◎50克
盐◎25克

做法

1 在面包机中依次放入面包预拌粉、鸡蛋、白砂糖、黄油、牛奶、盐、酵母粉。

2 用面包机充分搅拌成具有扩张性的面团。

3 将面团取出，擀成长形面饼，卷起来。

4 把面团放入模具中，盖上盖子，常温发酵1.5~2.0小时。

5 烤箱预热170℃，放入模具，盖上模具盖子，烤制36分钟。

6 吐司烤好后脱模切片即可。

营养功效

促进智力发育、提高免疫力

菠萝汉堡包

原料

菠萝包◎1个
鸡胸肉◎90克
生菜◎1片

调料

盐◎3克
鸡粉◎3克
生抽◎5毫升
料酒◎5毫升
胡椒粉◎少许
食用油◎适量

做法

1 菠萝包横着对半切开。

2 鸡胸肉装入碗中，倒入生抽、料酒，加入盐、鸡粉、胡椒粉，拌匀，腌渍20分钟。

3 热锅注油，倒入腌渍好的鸡胸肉，煎至两面微黄色。

4 关火，将煎好的鸡胸肉盛出摆放在菠萝包中，放上生菜即可。

补钙、促进生长发育

奶香手撕饼

原料

酵母粉◎5克
泡打粉◎10克
面粉◎300克
牛奶◎适量

调料

白糖◎20克
食用油◎适量

做法

1 将适量的酵母粉、泡打粉、白糖直接撒入面粉中，充分拌匀。

2 一边倒入温牛奶，一边搅和面粉，制成软硬适宜的面团，盖上塑料布醒30分钟。

3 醒好的面团切成大小一样的小面团，擀成长方形面片。

4 面片刷上少许食用油，像折扇一样，里一层外一层的叠起来，再卷起来，擀开。

5 平底锅注油烧热，放入饼坯，边煎边用筷子挤，直至两面金黄即可。

营养功效

补肾滋阴、增强抵抗力

九福松茸饺

原料

猪肉◎180克

松茸◎60克

饺子皮◎130克

调料

盐◎3克

鸡粉◎3克

五香粉◎3克

芝麻油◎5毫升

食用油◎适量

做法

1 洗净的松茸切碎；洗净的猪肉剁碎。

2 备好碗，倒入猪肉、松茸，撒上盐、鸡粉、五香粉，淋入芝麻油、食用油，拌匀入味，制成馅料。

3 铺上饺子皮，放上适量的馅料，包成饺子生坯，待用。

4 锅内注水烧开，倒入饺子生坯，煮开后再煮3分钟。

5 加盖，用大火煮2分钟，至饺子上浮。

6 揭盖，将煮好的饺子捞出，装入盘中即可。

营养功效

益肝健胃、润肠通便

波斯煎饺

原料

韭菜◎200克
鸡蛋◎2个
低筋面粉◎适量
葱花◎适量

调料

盐◎3克
鸡粉◎3克
食用油◎适量

做法

1 把洗净的韭菜切成小段；鸡蛋打入碗中，搅散。

2 用油起锅，倒入一半鸡蛋液，炒散，倒入韭菜，翻炒熟。

3 放盐、鸡粉，炒匀，盛出，制成陷料，待用。

4 低筋面粉装于碗中，倒入另一半鸡蛋液，搅匀，加适量开水，搅匀，制成面糊。

5 把面糊倒在案台上，揉搓成光滑的面团。

6 取适量面团，搓成长条状，分切成数个大小均等的剂子。

7 把剂子压扁，擀成面皮，取适量馅料，放在面皮上，收口，捏花边，制成生坯。

8 用油起锅，放入饺子生坯，煎出焦香味。

9 备好碗，倒入适量的面粉，注入适量的水，面粉和水的比例为1:12

10 将调好的面粉水倒入锅中，待面粉水煎成型后，周围注入适量的清水，盖上盖，煎3分钟。

11 撒上适量的葱花，关火，将煎好的饺子倒扣装盘即可。

预防便秘、益肝明目

马蹄胡萝卜饺子

原料

马蹄◎400克
胡萝卜◎200克
饺子皮◎适量
熟黑芝麻◎少许

调料

盐◎2克
鸡粉◎2克
芝麻油◎3毫升
食用油◎少许
熟猪油◎20克

做法

1 洗净去皮的马蹄切片，再切丝，改切成粒；洗好去皮的胡萝卜切片，再切条，改切成粒。

2 锅中注入适量清水烧开，放入胡萝卜，略煮片刻，再倒入马蹄，搅拌匀，煮至断生。

3 捞出焯煮好的马蹄和胡萝卜，沥干水分，加入盐、鸡粉，拌匀调味，放入熟猪油、芝麻油，搅拌匀，制成胡萝卜马蹄馅。

4 取饺子皮，将适量馅料放在饺子皮上。

5 在饺子皮边缘沾上少许清水，收口，捏紧呈褶皱花边，制成饺子生坯。

6 取蒸盘，刷上一层食用油，放上饺子生坯。

7 将蒸盘放入烧开的蒸锅中，盖上盖，用大火蒸4分钟，至食材熟透。

8 揭开盖，取出蒸好的饺子，装入盘中，用熟黑芝麻做点缀即可。

营养功效

补中益气、促进生长发育

水晶虾饺

原料

虾仁◎200克

猪肉◎90克

澄面◎300克

调料

胡椒粉◎5克

鸡粉◎3克

盐◎3克

芝麻油◎10毫升

白糖◎3克

生粉◎6克

猪油◎10克

做法

1 洗净的猪肉切成小粒。

2 把虾仁放在干净的毛巾上，吸干其表面的水分。

3 将虾仁装入碗中，放入胡椒粉、生粉，拌匀。

4 放入鸡粉、盐、白糖，拌匀，加入猪肉粒、猪油，拌匀，加入芝麻油，拌匀，制成馅料。

5 把澄面和生粉倒入碗中，混合均匀，倒入适量开水，搅拌匀，烫面。

6 把面糊倒在案台上，搓成光滑的面团。

7 取适量面团，搓成长条状，切成数个大小均等的剂子，压扁，擀成饺子皮。

8 取适量馅料放在饺子皮上，收口，捏紧，制成饺子生坯。

9 把生坯装入垫有包底纸的蒸笼里，放入烧开的蒸锅，加盖，大火蒸4分钟。

10 揭盖，把蒸好的饺子取出即可。

营养功效

利肠通便、消食健胃

白菜饺

原料

生粉◎100克
澄面◎200克
肉馅◎90克
大白菜◎300克
胡萝卜◎120克
鲜香菇◎45克
水发木耳◎30克

调料

盐◎3克
鸡粉◎3克
芝麻油◎3毫升

做法

1 将洗净去皮的胡萝卜切片，切成丝；香菇、木耳、大白菜均切成丝。

2 把切好的大白菜装入碗中，加适量盐，拌匀，去掉多余水分，装入碗中，加入胡萝卜、香菇搅拌匀。

3 放盐、鸡粉，拌匀，加芝麻油，拌匀，加少许生粉，拌匀，加入肉馅，搅匀，制成馅料，待用。

4 把澄面倒入碗中，加入生粉，拌匀，倒入适量开水，搅匀，烫面。

5 把面糊倒在案台上，揉搓成纯滑的面团，将面团搓成长条状，用刮板切数个大小均等的剂子。

6 把剂子压扁，擀成饺子皮，放上适量陷料，收口，捏成三角包状。

7 选其中一边向中心捏，捏出一个小窝，其余两边各捏出花纹，在小窝里放上菜梗粒装饰，制成生坯。

8 将生坯放入垫有笼底纸的蒸笼里，放入烧开的蒸锅，加盖，大火蒸5分钟即可。

养血补虚、清热解毒

芹菜猪肉水饺

原料

中筋面粉◎300克

芹菜◎250克

猪肉末◎150克

葱末◎10克

姜末◎5克

调料

盐◎3克

料酒◎5毫升

芝麻油◎1毫升

白胡椒粉◎少许

花生油◎15克

耗油◎10毫升

生抽◎5毫升

做法

1　洗净的芹菜择去叶，切成碎。

2　中筋面粉装入一个大碗中，慢慢加水，搅拌成絮状，再揉成面团，盖上保鲜膜，醒发30分钟。

3　另取一个碗，倒入猪肉末，加入芹菜碎、姜末、葱末，再放入盐、蚝油、生抽、料酒、花生油、芝麻香油和白胡椒粉，沿一个方向搅拌至起劲，制成馅料。

4　将醒发好的面团揉成长条，分切成数个大小相等的小剂子。

5　将小剂子擀成中间厚、四周薄的圆形饺子皮。

6　将饺子皮放在掌心，放入适量馅，将饺子皮对折封口，将两端向中间弯拢，捏紧，包成元宝饺子生坯。

7　锅中注水烧开，放入饺子生坯，煮8分钟至熟。

8　将煮好的饺子捞出，装入碗中即可。